GRASSHOPPER MANIA 01

蚱蜢狂熱

 TAMKANG UNIVERSITY DEPT. OF ARCHITECTURE CCC LAB

/本書特別獻給　淡江大學建築系/

簡介\

Grasshopper是一個外掛在三維軟體Rhinoceros下的參數化插件，
透過將外在條件數據化的情況下，
我們得以透過數學運算來讓量體幾何在螢幕中呈現。

這本書跟一般的軟體教學書不同的地方是，
它並不是對每個Grasshopper的功能單獨做解說，
而是透過50個不同的案例來儘量使用到各種不同的功能。
在執行50個案例的過程中讀者會逐漸知道哪些功能會常用哪些則否，
同時也能從中學會不同功能所形成的進階組合，
最終則可以透過這些案例做更進一步的延伸。

希望讀者能因這本書進而更輕易的掌握Grasshopper，
使參數化設計能更進一步的參與到實際設計流程中，
讓設計可能性因電腦演算而更加豐富。

序\

回想起第一次遇到天維與智謙已經是八、九年前的事了，那時他們才開始學習建築設計的大一新鮮人，之後帶過他們大四的數位設計與製造課。幾年前他們大學畢業後，前後加入了淡江大學建築研究所，論文研究的方向都與參數化設計相關，天維研究的是《以演算法探討參數化集合住宅設計》，智謙研究的是《數位模擬之材料實驗與製造》；一位對於參數化設計感興趣，另外一位則喜歡數位製造。碩士班畢業前後，他們都是研究所「參數化設計傳承工作營」的發起人與老師，個人都適逢其會，當了兩次學員，內容非常的精采，也學習了許多。

半年前他們開始想將他們學習參數化設計軟體 Grasshopper 的心得整理成一本書，方便新手學習。這半年來，看著他們絞盡腦汁，計畫著如何讓讀者能有效的透過這本書學習進階的參數化設計，過程中他們刪刪改改，非常的辛苦。今日的 Grasshopper 參數化模型提供了我們一個友善的使用者環境，使得以前將電腦程式為畏途的建築設計人，開始可以參數化的思考設計。Grasshopper 在網路上資源頗為豐富，然而初學者面對龐大的網路資源往往有不知從何下手的感覺。因此，《蚱蜢狂熱 I》提供初學者進階的學習教材，內容淺顯易懂，讀者只要跟著書中的案例學習，就可以了解到與設計相關不同演算法的精神。天維與智謙想到當初學習 Grasshopper 的辛苦過程，因此將他們的學習經驗，以一系列的教學案例與大家分享。這也是「開放原始碼」(Open Source) 的兩大基本精神：知無不言與促進學習社群的共同成長。

今天他們已經唸完研究所、退伍、即將準備走入社會之際，看到天維與智謙合著《蚱蜢狂熱 I》的出版，心裡非常的高興，也有著這些年來與他們相處的許多感觸。希望我們很快地就可以看到下一冊《蚱蜢狂熱 II》的出版，且讓我們拭目以待。

2014 年夏，陳珍誠，於淡江大學建築研究所。

陳珍誠
淡江大學建築系副教授

作者／

湯天維

淡江大學建築系學士
淡江大學建築系碩士

記得當初老師說不如做一本書講解蚱蜢的基本操作，
然後就真的開始埋頭下去寫了，這五十個案例其實最重要的不是結果，
而是其中不同功能的組合，只要摸熟它們，可以衍生的成果是無限地。

感謝淡江建築讓我有機會接觸到蚱蜢，
讓我找到自己的興趣所在而有所投入，
希望更多人能透過這本書從中發現參數化的樂趣。

最後，我真的好愛淡江建築。

彭智謙

淡江大學建築系學士
淡江大學建築系碩士

很開心可以一起參與寫作這本蚱蜢狂熱，
這不僅是一本蚱蜢的教學使用書，
還包含了作者對於平面、空間的創作與想像。

而現在流行的參數化設計，對於真實案例操作有一定的限制，
但蚱蜢提供了一個容易操作的平台，不斷的更新與進化，
你我都可以藉由它去創造更多可能性。

如果耐心的照著書中的案例學習完，
或許不一定就能拿來做些什麼，
但可以開始體驗到空間不同的想像與趣味，
讓我們一起來加入拉蚱蜢的行列吧!

目錄＼

標籤 /

圖像

001	024	043
002	026	
004	029	
005	030	
011	036	
014	038	
019	039	

幾何

003	013	025	037
006	015	027	040
007	016	028	041
008	018	031	044
009	021	032	047
010	022	033	049
012	023	035	050

製造

020
042
043
045
046

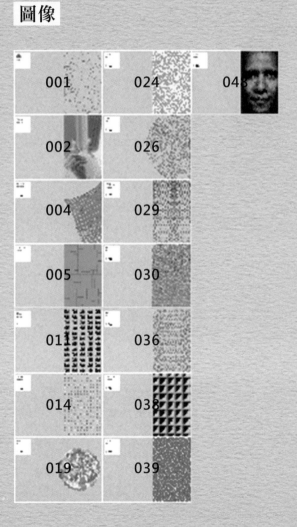

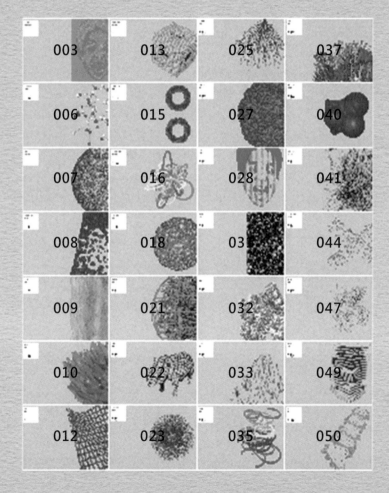
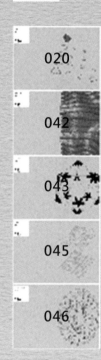

功能 ＼

本書使用的Grasshopper版本為

0.9.0014

除此之外另有安裝插件軟體

Mesh Edit
Mesh Tools
Weaverbird
4D Noise
Shortest Walk

所有功能表列如右圖

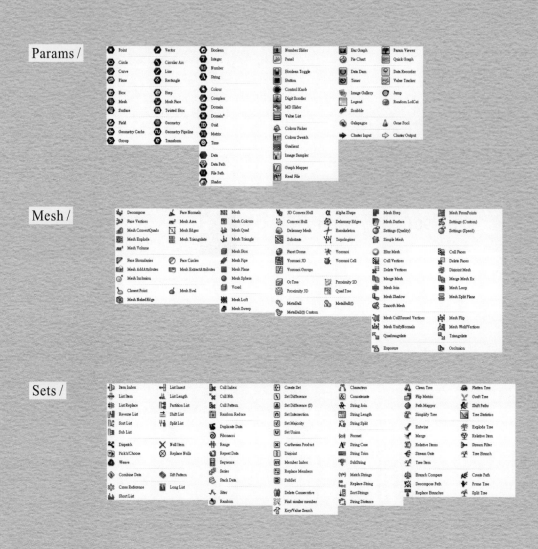

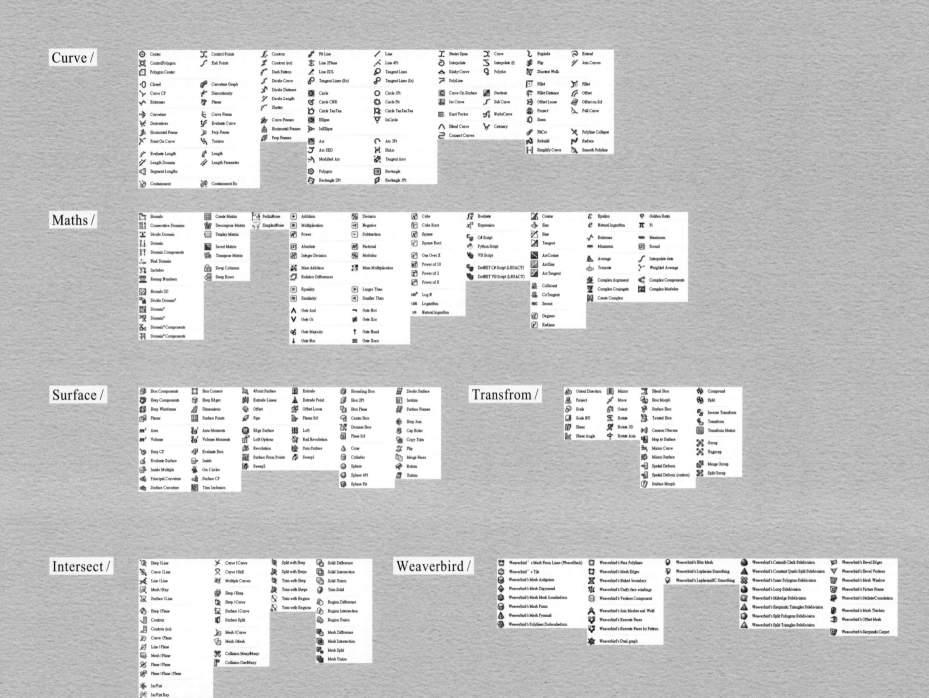

捌件 進案例前
先要知道的事

O1 基本介紹

在Rhinoceros的指令欄輸入Grasshopper，
即可看到Grasshopper的操作視窗跳出。

當你叫一個功能出來時，
透過滑鼠右鍵能看到Help選項，
點選它即可知道功能所需的輸入項
與其經過運算後所生成的輸出項。

如果在不知道功能在哪一功能欄時，
可以對功能按"Ctrl+Alt+滑鼠左鍵"，
此時即會顯示功能所在位置。

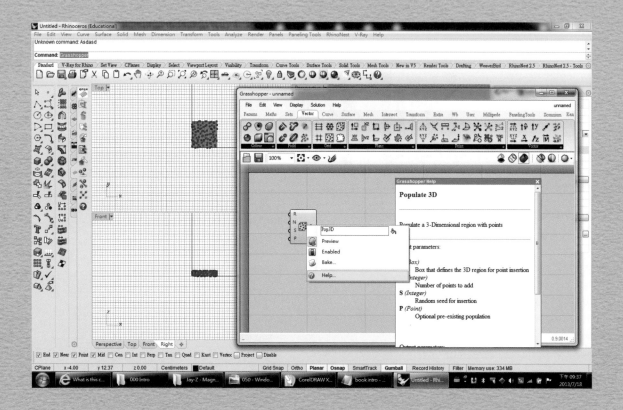

02 基礎幾何

在Grasshopper裡，構成幾何的元素是點，
點本身又可分為座標、向量、向量平面，
座標只是單純空間位置，
向量則是讓座標具有一方向性，
而向量平面則是除了有方向性外
當要放置物件在該座標時能有參考平面。

有點即有線，有線則能圍塑面，
而在Grasshopper中，面的形式有兩種，

Nurbs & Mesh

這兩種面得構成方式略有不同，
彼此間雖能轉換，但較為麻煩，
通常使用Nurbs曲面居多，
其可編輯性較高。

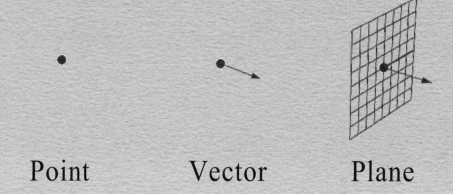

Point   Vector   Plane

03 功能形式

因功能的設計外觀，
通常我們都以"電池"來稱呼。

電池形式固定為左側輸入右側輸出，
有些輸入端會有預設值，
通過將電池輸出端的結果
再次送入別的電池的輸入端，
我們可以逐漸實現最終所想像的模型。

以右圖為例，
因電池Point XYZ的
X,Y,Z輸入端已有預設值為0，
所以我們會生成一點(0,0,0)，
以此點當成電池Sphere的基準點，
再給予一數值做為半徑，
最終我們即可以點(0,0,0)為球心
生成一半徑為2的球體。

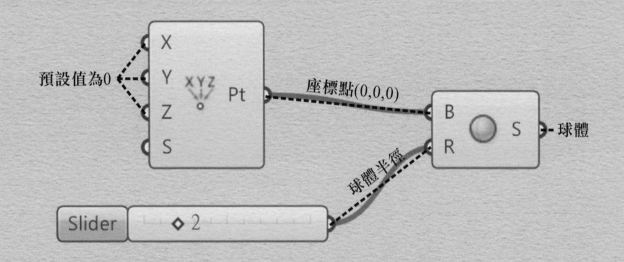

04 功能狀態

在Grasshopper裡電池狀態會以顏色顯示。

淺灰色代表電池正常運作，
同時其結果同步顯示在視窗上。

深灰色代表電池正常運作，
但其結果並不會顯示在視窗上。

橘色代表電池缺少一些輸入資料，
或是一些輸入資料是無效的，
電池可能仍然能運作，
但電池的運算可能有些潛在的問題。

紅色代表電池完全無法作用，
這可能只是輸入了錯誤的資料，
或是更進一步的方程式設定錯誤。

綠色代表電池被選中。

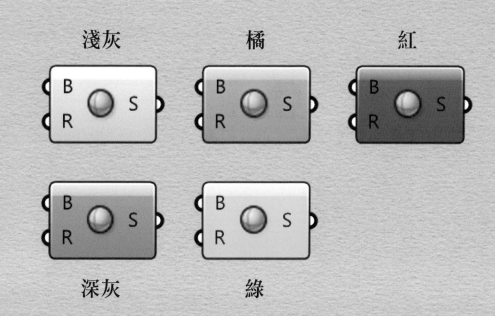

淺灰　　　　　橘　　　　　紅

深灰　　　　　綠

05 功能內建選項

有時為了省事或是減少電池的總數，
我們會滑鼠右鍵點選電池的
輸入或輸出項來直接給予一些設定。

每個輸入或輸出項所能做的設定不一，
例如右圖同一個電池的輸入項(S)與
輸出項(L)所能設定的就不同。

之後案例常見的設定有五種

O	Reverse	反轉排序
↓	Flatten	打散資料結構
↑	Graft	生成資料結構
Y	Simplify	簡化資料結構
＊	Expression	方程式

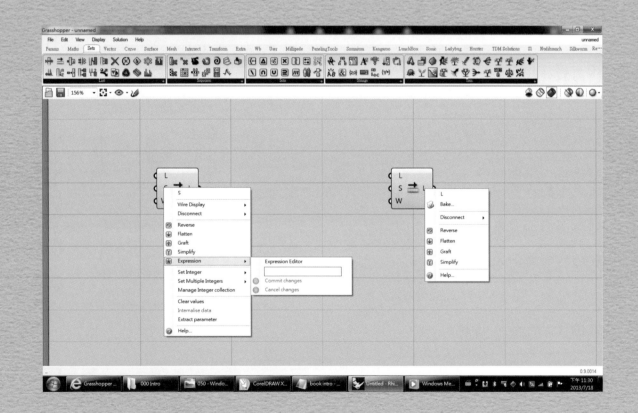

06 資料結構

Grasshopper的資料結構可以分為兩種，
資料序列(List)與資料標號(Tree)，
所有資料都會有標號，
當資料標號相同時才會有順序之分。

以右圖中間顯示欄來說，
總共有三種標號{0}、{1}、{2}，
各有4、4、2個資料標號相同。

當然標號可以再進階往下標，
以右圖右邊顯示欄來說，
雖然仍維持標號{0}、{1}、{2}，
但標號{0}、{1}各自都有進階標號，
因此我們可以得知在標號{0}之下，
{0;0}A、B與{0;1}C、D是分開的。

透過這種資料結構，
我們能選定特定的資料來做進一步處理。

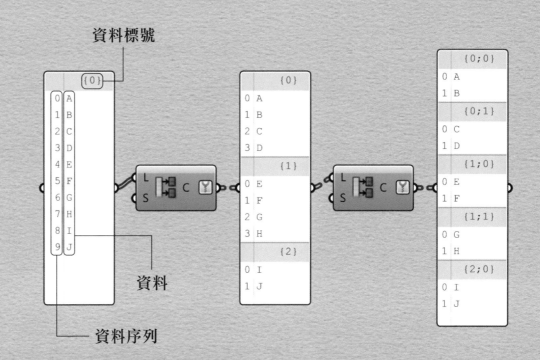

資料標號

資料

資料序列

07 Image Sampler選項

之後的案例會常用到Image Sampler，
當從File Path輸入圖片後，
基本要設定的選項有二。

Channel色彩頻道

影響的是所偵測輸出的值，
通常用的是RGB或亮度頻道。

Use Image Pixel Dimensions圖像尺寸

原本預設值為0至1，
若點擊該鈕則尺寸會依原圖像素大小，
這會影響點去偵測色彩值的結果。

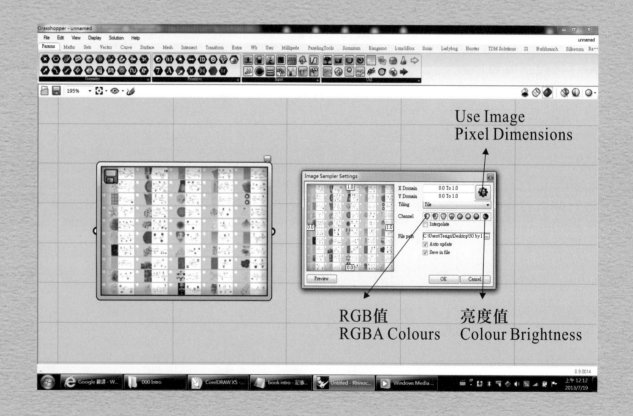

Use Image
Pixel Dimensions

RGB值
RGBA Colours

亮度值
Colour Brightness

08 自製功能

Grasshopper除了本身功能外，
也讓使用者能自行組合幾個功能後，
將其整合並合併為一新功能。

以右圖為例，
首先我們要調整的控制項有二，
最終則是要輸出一個球體，
因此要叫出兩個Cluster Input
跟一個Cluster Output。
看控制項連電池哪一部分
則Cluster Input就連同一地方，
Cluster Output同理。

最後框選所有組成Cluster的電池，
在Grasshopper上欄Edit下選Cluster，
則電池們會被整合成一新電池，
此時再接上控制項即可得到
跟原本電池組合的同樣效果

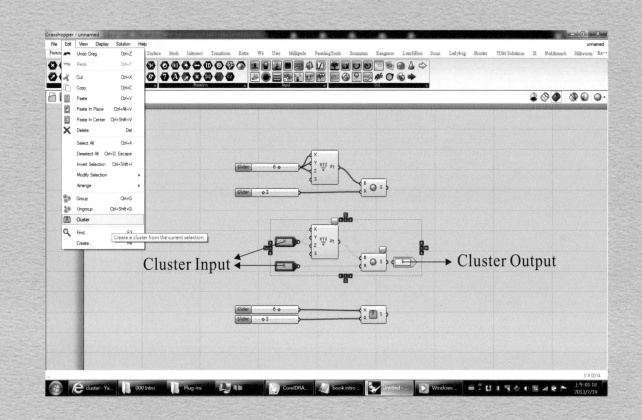

伍拾個讓你融會貫通的案例

Points
Grouping
By Distance

點群組

001

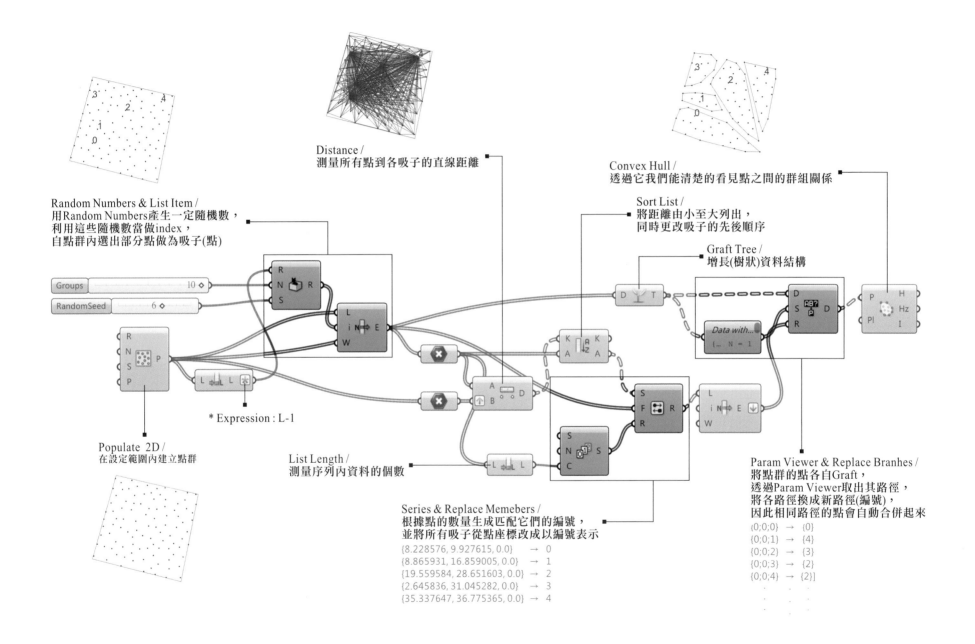

Distance /
測量所有點到各吸子的直線距離

Convex Hull /
透過它我們能清楚的看見點之間的群組關係

Random Numbers & List Item /
用Random Numbers產生一定隨機數，
利用這些隨機數當做index，
自點群內選出部分點做為吸子(點)

Sort List /
將距離由小至大列出，
同時更改吸子的先後順序

Graft Tree /
增長(樹狀)資料結構

Groups   10

RandomSeed   6

Data with...
{... N = 1

* Expression : L-1

Populate 2D /
在設定範圍內建立點群

List Length /
測量序列內資料的個數

Param Viewer & Replace Branhes /
將點群的點各自Graft，
透過Param Viewer取出其路徑，
將各路徑換成新路徑(編號)，
因此相同路徑的點會自動合併起來

{0;0;0} → {0}
{0;0;1} → {4}
{0;0;2} → {3}
{0;0;3} → {2}
{0;0;4} → {2}]

Series & Replace Memebers /
根據點的數量生成匹配它們的編號，
並將所有吸子從點座標改成以編號表示

{8.228576, 9.927615, 0.0} → 0
{8.865931, 16.859005, 0.0} → 1
{19.559584, 28.651603, 0.0} → 2
{2.645836, 31.045282, 0.0} → 3
{35.337647, 36.775365, 0.0} → 4

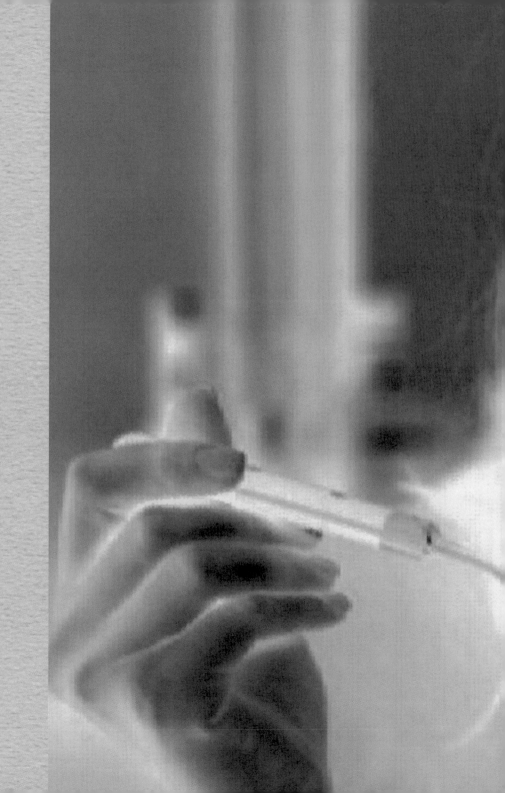

Reverse
RGB Value

逆轉RGB值

002

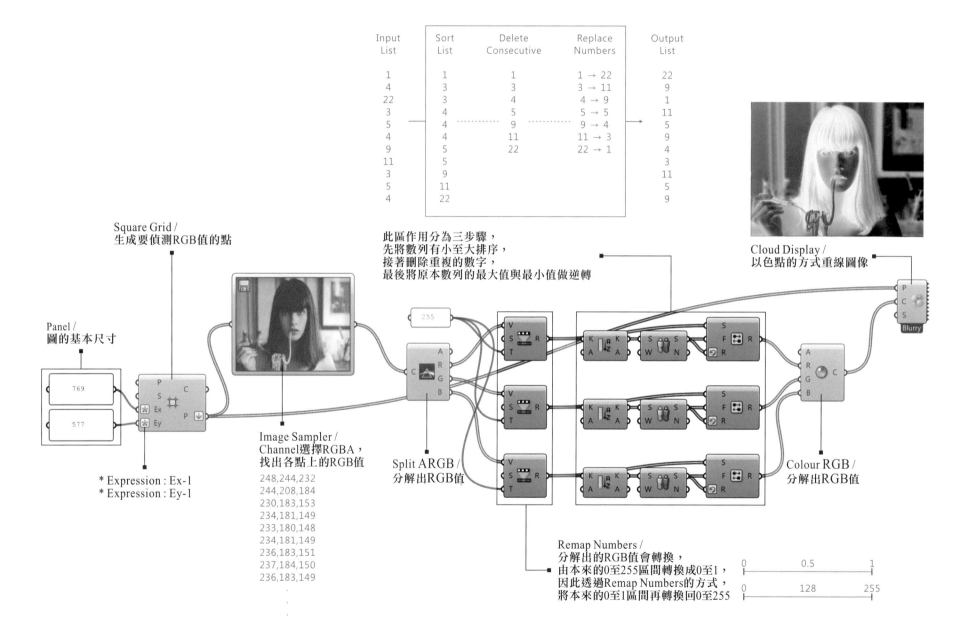

Input List	Sort List	Delete Consecutive	Replace Numbers	Output List
1	1	1	1 → 22	22
4	3	3	3 → 11	9
22	3	4	4 → 9	1
3	4	5	5 → 5	11
5	4	9	9 → 4	5
4	4	11	11 → 3	9
9	5	22	22 → 1	4
11	5			3
3	9			11
5	11			5
4	22			9

Square Grid /
生成要偵測RGB值的點

此區作用分為三步驟，
先將數列有小至大排序，
接著刪除重複的數字，
最後將原本數列的最大值與最小值做逆轉

Cloud Display /
以色點的方式重繪圖像

Panel /
圖的基本尺寸

769

577

* Expression : Ex-1
* Expression : Ey-1

Image Sampler /
Channel選擇RGBA，
找出各點上的RGB值

248,244,232
244,208,184
230,183,153
234,181,149
233,180,148
234,181,149
236,183,151
237,184,150
236,183,149
.
.

255

Split ARGB /
分解出RGB值

Remap Numbers /
分解出的RGB值會轉換，
由本來的0至255區間轉換成0至1，
因此透過Remap Numbers的方式，
將本來的0至1區間再轉換回0至255

Colour RGB /
分解出RGB值

0   0.5   1

0   128   255

2D To 3D

圖像轉換模型

003

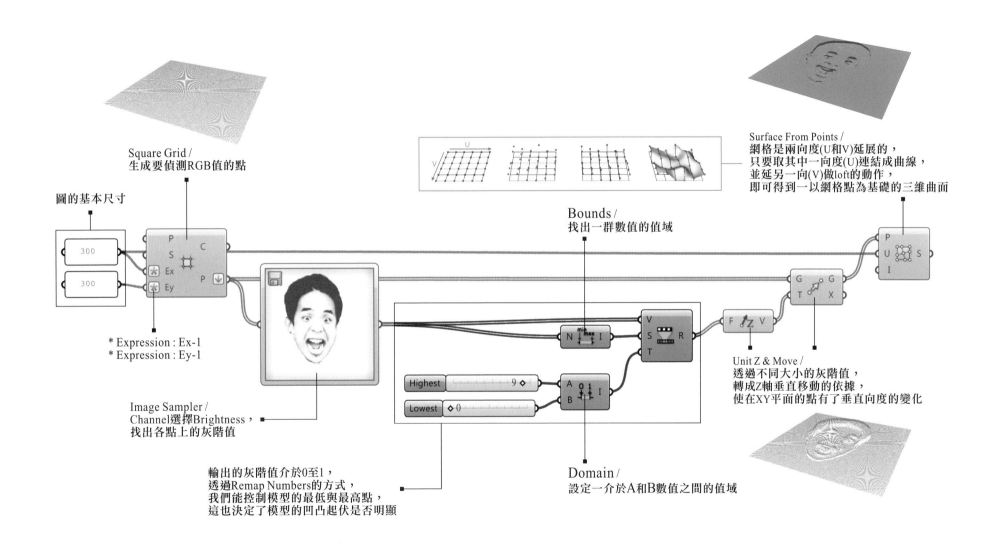

Surface From Points /
網格是兩向度(U和V)延展的，
只要取其中一向度(U)連結成曲線，
並延另一向(V)做loft的動作，
即可得到一以網格點為基礎的三維曲面

Square Grid /
生成要偵測RGB值的點

圖的基本尺寸

Bounds /
找出一群數值的值域

* Expression : Ex-1
* Expression : Ey-1

Unit Z & Move /
透過不同大小的灰階值，
轉成Z軸垂直移動的依據，
使在XY平面的點有了垂直向度的變化

Image Sampler /
Channel選擇Brightness，
找出各點上的灰階值

Highest   9
Lowest   0

輸出的灰階值介於0至1，
透過Remap Numbers的方式，
我們能控制模型的最低與最高點，
這也決定了模型的凹凸起伏是否明顯

Domain /
設定一介於A和B數值之間的值域

Attractor Holes

吸子曲面開洞

004

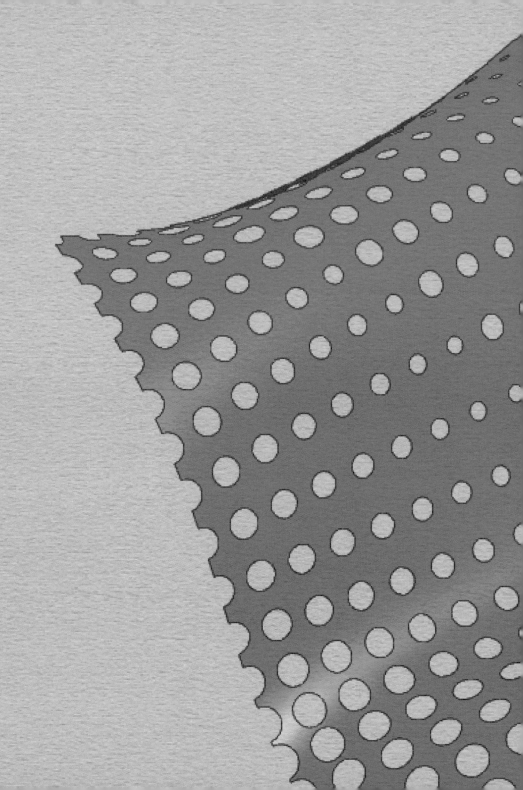

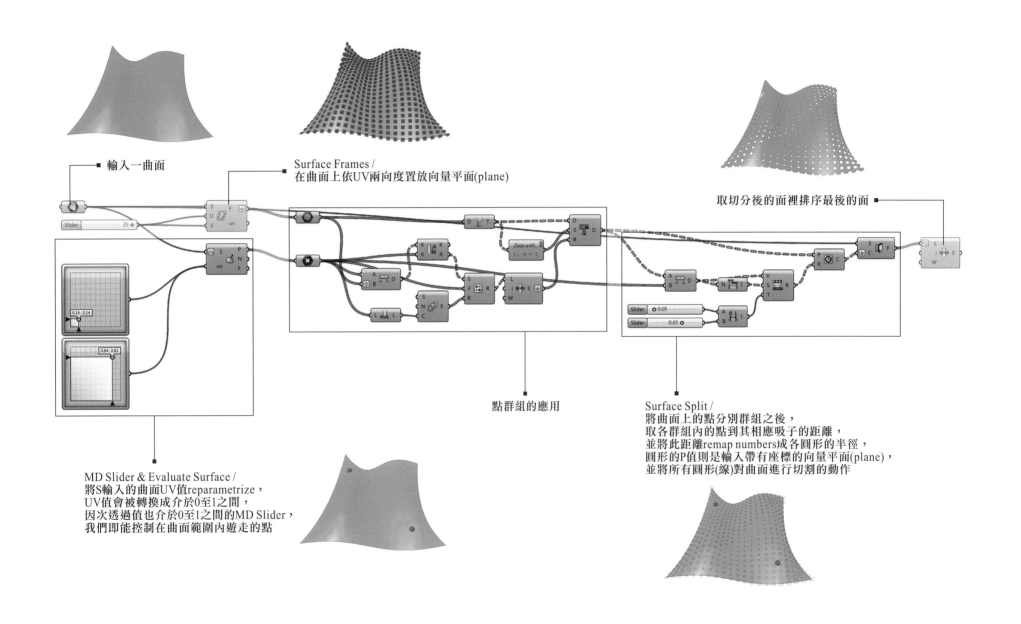

輸入一曲面

Surface Frames /
在曲面上依UV兩向度置放向量平面(plane)

取切分後的面裡排序最後的面

點群組的應用

MD Slider & Evaluate Surface /
將S輸入的曲面UV值reparametrize，
UV值會被轉換成介於0至1之間，
因次透過值也介於0至1之間的MD Slider，
我們即能控制在曲面範圍內遊走的點

Surface Split /
將曲面上的點分別群組之後，
取各群組內的點到其相應吸子的距離，
並將此距離remap numbers成各圓形的半徑，
圓形的P值則是輸入帶有座標的向量平面(plane)，
並將所有圓形(線)對曲面進行切割的動作

Rectangle Fractal

方形碎形

005

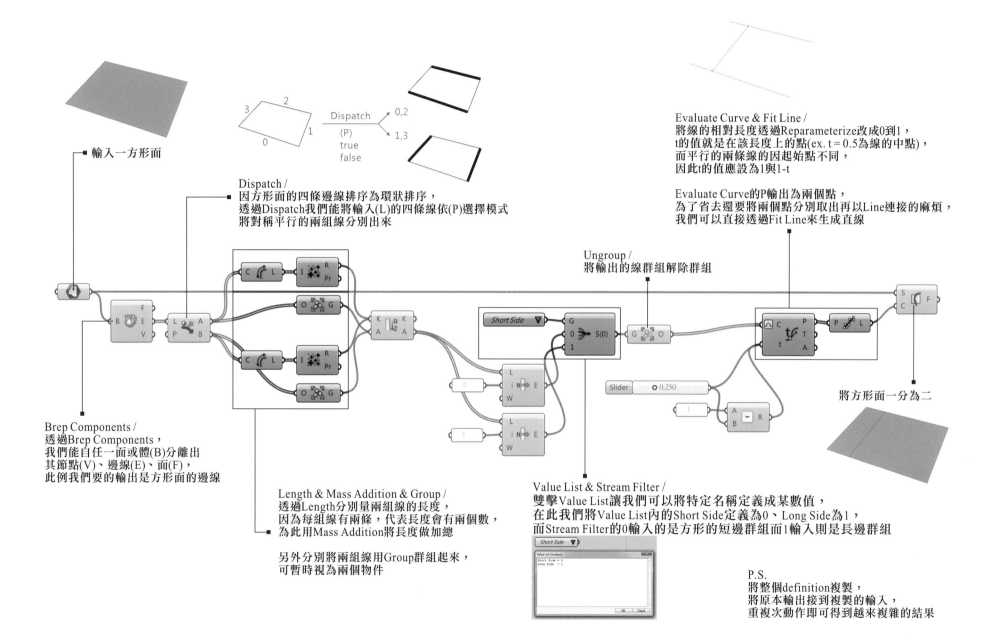

輸入一方形面

3 2

Dispatch 0,2
(P)
true 1,3
false

0 1

Dispatch /
因方形面的四條邊線排序為環狀排序，
透過Dispatch我們能將輸入(L)的四條線依(P)選擇模式
將對稱平行的兩組線分別出來

Evaluate Curve & Fit Line /
將線的相對長度透過Reparameterize改成0到1，
t的值就是在該長度上的點(ex. t = 0.5為線的中點)，
而平行的兩條線的因起始點不同，
因此t的值應設為1與1-t

Evaluate Curve的P輸出為兩個點，
為了省去還要將兩個點分別取出再以Line連接的麻煩，
我們可以直接透過Fit Line來生成直線

Ungroup /
將輸出的線群組解除群組

Short Side

Slider 0.250

將方形面一分為二

Brep Components /
透過Brep Components，
我們能自任一面或體(B)分離出
其節點(V)、邊線(E)、面(F)，
此例我們要的輸出是方形面的邊線

Length & Mass Addition & Group /
透過Length分別量兩組線的長度，
因為每組線有兩條，代表長度會有兩個數，
為此用Mass Addition將長度做加總

另外分別將兩組線用Group群組起來，
可暫時視為兩個物件

Value List & Stream Filter /
雙擊Value List讓我們可以將特定名稱定義成某數值，
在此我們將Value List內的Short Side定義為0、Long Side為1，
而Stream Filter的0輸入的是方形的短邊群組而1輸入則是長邊群組

Short Side

Value List Contents
Short Side = 0
Long Side = 1

OK Cancel

P.S.
將整個definition複製，
將原本輸出接到複製的輸入，
重複次動作即可得到越來複雜的結果

Chemical Bond

分子鏈

006

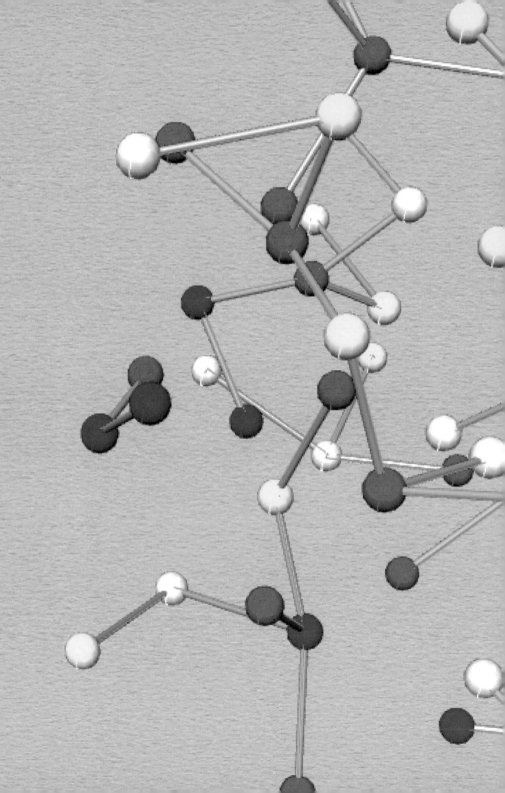

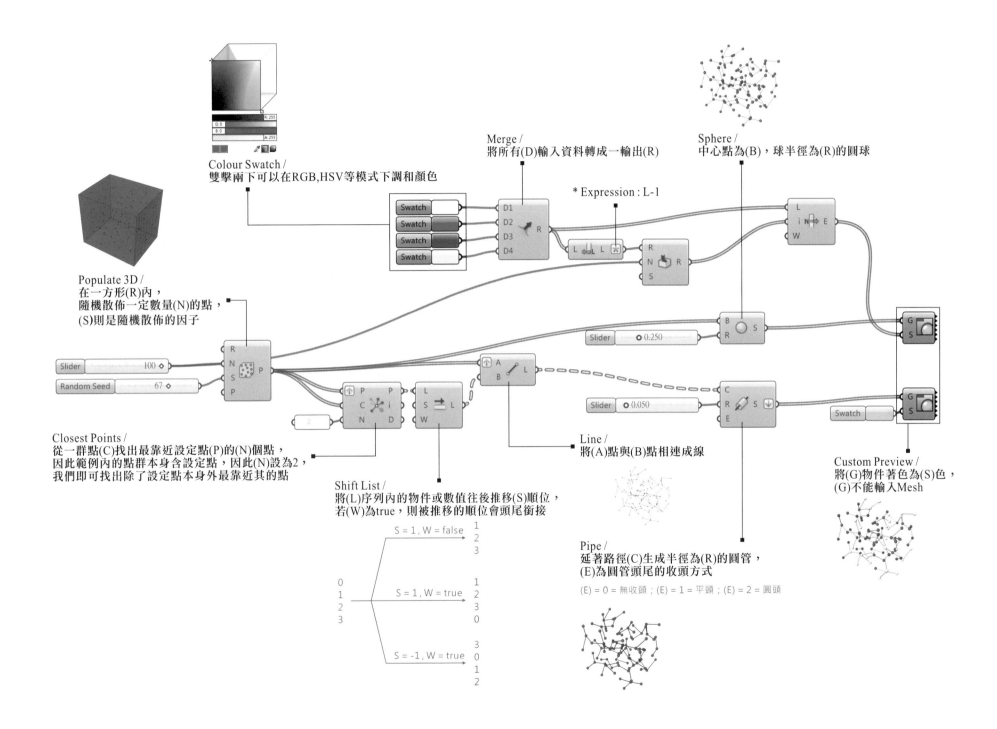

Colour Swatch /
雙擊兩下可以在RGB,HSV等模式下調和顏色

Merge /
將所有(D)輸入資料轉成一輸出(R)

Sphere /
中心點為(B)，球半徑為(R)的圓球

* Expression : L-1

Populate 3D /
在一方形(R)內，
隨機散佈一定數量(N)的點，
(S)則是隨機散佈的因子

Closest Points /
從一群點(C)找出最靠近設定點(P)的(N)個點，
因此範例內的點群本身含設定點，因此(N)設為2，
我們即可找出除了設定點本身外最靠近其的點

Shift List /
將(L)序列內的物件或數值往後推移(S)順位，
若(W)為true，則被推移的順位會頭尾銜接

S = 1, W = false

```
1
2
3
```

```
0        1
1        2
2        3
3        0
```
S = 1, W = true

S = -1, W = true

```
3
0
1
2
```

Line /
將(A)點與(B)點相連成線

Pipe /
延著路徑(C)生成半徑為(R)的圓管，
(E)為圓管頭尾的收頭方式

(E) = 0 = 無收頭；(E) = 1 = 平頭；(E) = 2 = 圓頭

Custom Preview /
將(G)物件著色為(S)色，
(G)不能輸入Mesh

Moooi Light

Moooi球燈

007

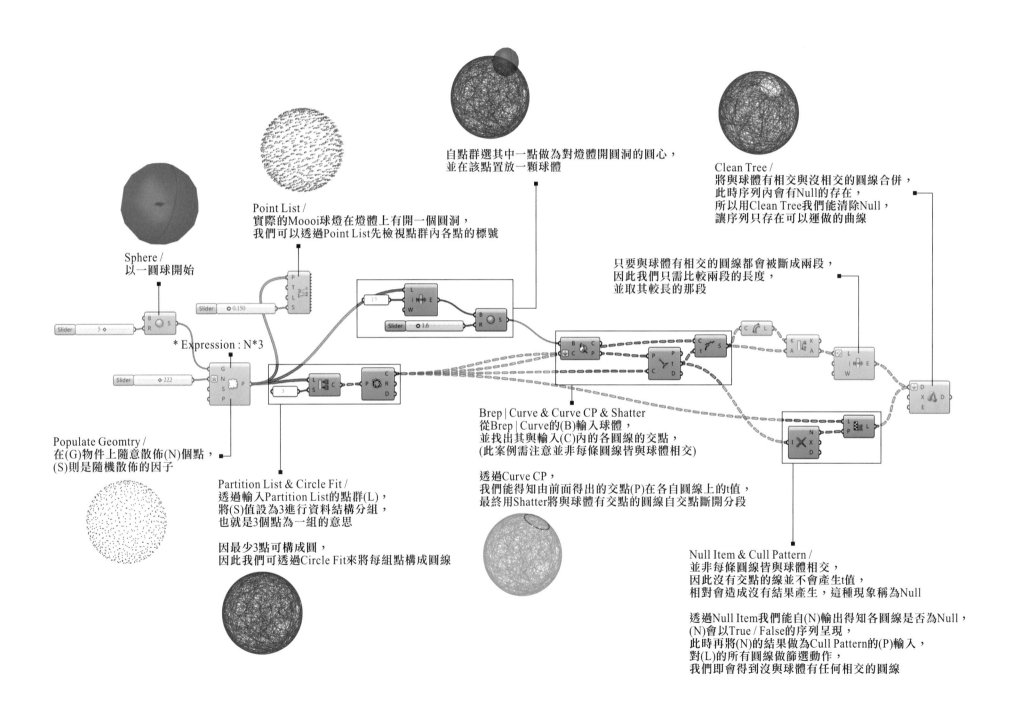

自點群選其中一點做為對燈體開圓洞的圓心，
並在該點置放一顆球體

Clean Tree /
將與球體有相交與沒相交的圓線合併，
此時序列內會有Null的存在，
所以用Clean Tree我們能清除Null，
讓序列只存在可以運做的曲線

Point List /
實際的Moooi球燈在燈體上有開一個圓洞，
我們可以透過Point List先檢視點群內各點的標號

只要與球體有相交的圓線都會被斷成兩段，
因此我們只需比較兩段的長度，
並取其較長的那段

Sphere /
以一圓球開始

* Expression : N*3

Populate Geomtry /
在(G)物件上隨意散佈(N)個點，
(S)則是隨機散佈的因子

Brep | Curve & Curve CP & Shatter
從Brep | Curve的(B)輸入球體，
並找出其與輸入(C)內的各圓線的交點，
(此案例需注意並非每條圓線皆與球體相交)

透過Curve CP，
我們能得知由前面得出的交點(P)在各自圓線上的t值，
最終用Shatter將與球體有交點的圓線自交點斷開分段

Partition List & Circle Fit /
透過輸入Partition List的點群(L)，
將(S)值設為3進行資料結構分組，
也就是3個點為一組的意思

因最少3點可構成圓，
因此我們可透過Circle Fit來將每組點構成圓線

Null Item & Cull Pattern /
並非每條圓線皆與球體相交，
因此沒有交點的線並不會產生t值，
相對會造成沒有結果產生，這種現象稱為Null

透過Null Item我們能自(N)輸出得知各圓線是否為Null，
(N)會以True / False的序列呈現，
此時再將(N)的結果做為Cull Pattern的(P)輸入，
對(L)的所有圓線做篩選動作，
我們即會得到沒與球體有任何相交的圓線

Meteorite Shower

隕石雨

008

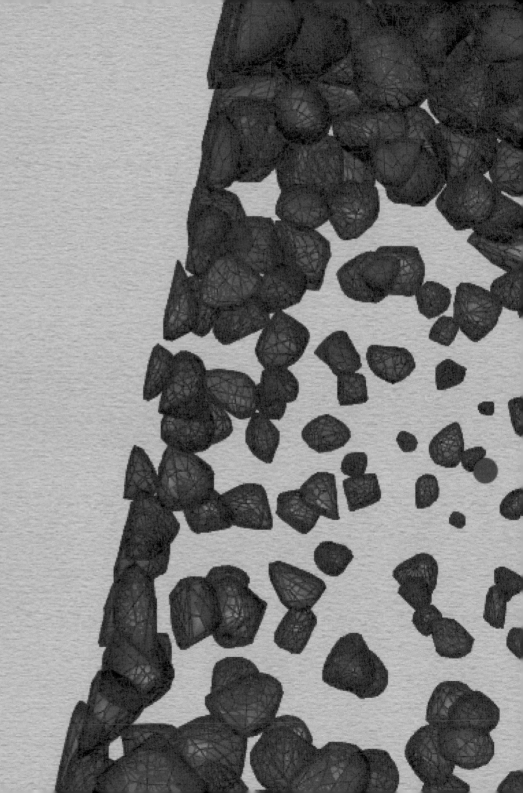

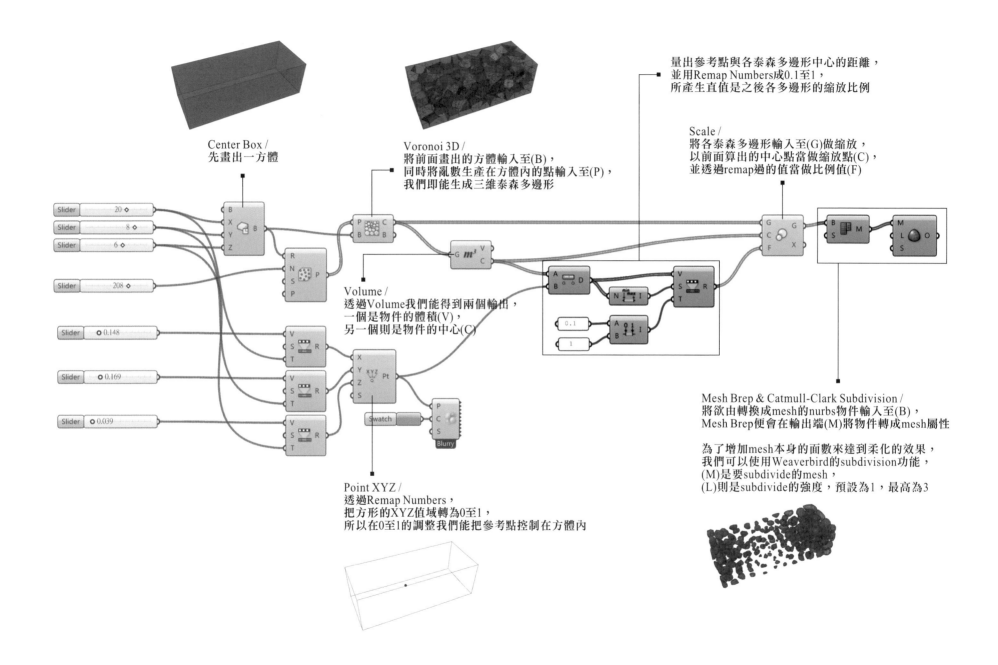

量出參考點與各泰森多邊形中心的距離，
並用Remap Numbers成0.1至1，
所產生直值是之後各多邊形的縮放比例

Center Box /
先畫出一方體

Voronoi 3D /
將前面畫出的方體輸入至(B)，
同時將亂數生產在方體內的點輸入至(P)，
我們即能生成三維泰森多邊形

Scale /
將各泰森多邊形輸入至(G)做縮放，
以前面算出的中心點當做縮放點(C)，
並透過remap過的值當做比例值(F)

Volume /
透過Volume我們能得到兩個輸出，
一個是物件的體積(V)，
另一個則是物件的中心(C)

Mesh Brep & Catmull-Clark Subdivision /
將欲由轉換成mesh的nurbs物件輸入至(B)，
Mesh Brep便會在輸出端(M)將物件轉成mesh屬性

為了增加mesh本身的面數來達到柔化的效果，
我們可以使用Weaverbird的subdivision功能，
(M)是要subdivide的mesh，
(L)則是subdivide的強度，預設為1，最高為3

Point XYZ /
透過Remap Numbers，
把方形的XYZ值域轉為0至1，
所以在0至1的調整我們能把參考點控制在方體內

Curtain

窗簾

009

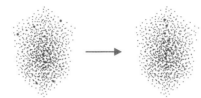

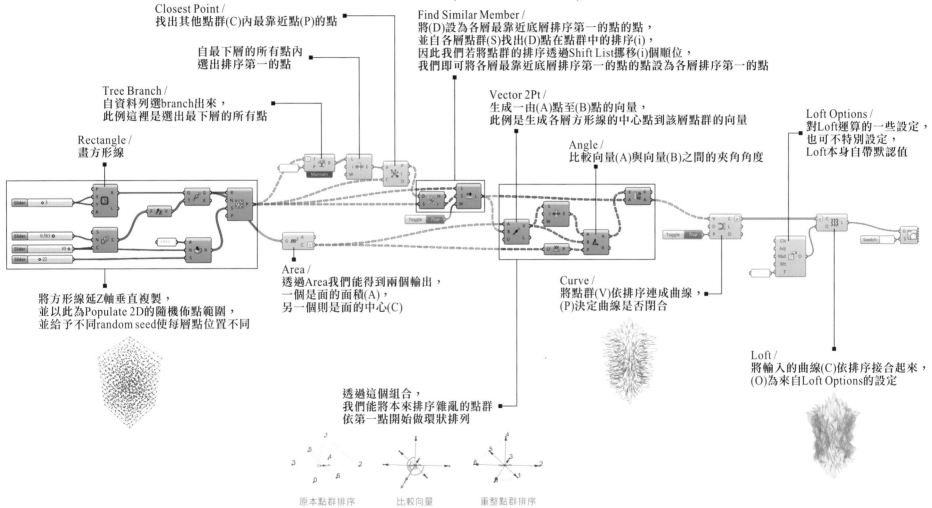

Closest Point /
找出其他點群(C)內最靠近點(P)的點

Find Similar Member /
將(D)設為各層最靠近底層排序第一的點的點，
並自各層點群(S)找出(D)點在點群中的排序(i)，
因此我們若將點群的排序透過Shift List挪移(i)個順位，
我們即可將各層最靠近底層排序第一的點的點設為各層排序第一的點

自最下層的所有點內
選出排序第一的點

Tree Branch /
自資料列選branch出來，
此例這裡是選出最下層的所有點

Vector 2Pt /
生成一由(A)點至(B)點的向量，
此例是生成各層方形線的中心點到該層點群的向量

Loft Options /
對Loft運算的一些設定，
也可不特別設定，
Loft本身自帶默認值

Rectangle /
畫方形線

Angle /
比較向量(A)與向量(B)之間的夾角角度

將方形線延Z軸垂直複製，
並以此為Populate 2D的隨機佈點範圍，
並給予不同random seed使每層點位置不同

Area /
透過Area我們能得到兩個輸出，
一個是面的面積(A)，
另一個則是面的中心(C)

Curve /
將點群(V)依排序連成曲線，
(P)決定曲線是否閉合

Loft /
將輸入的曲線(C)依排序接合起來，
(O)為來自Loft Options的設定

透過這個組合，
我們能將本來排序雜亂的點群
依第一點開始做環狀排列

原本點群排序　　　比較向量　　　重整點群排序

Splash

濺水花

010

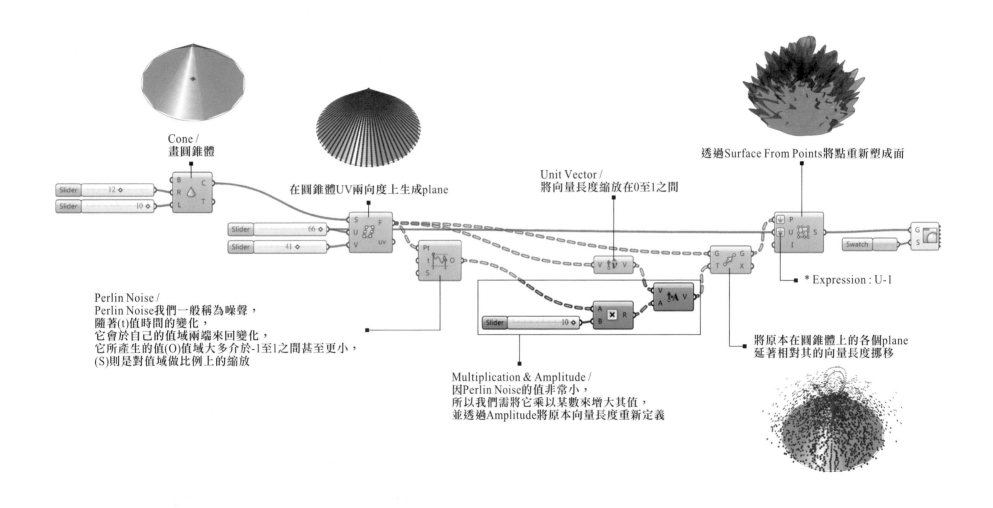

Cone /
畫圓錐體

在圓錐體UV兩向度上生成plane

Unit Vector /
將向量長度縮放在0至1之間

透過Surface From Points將點重新塑成面

* Expression : U-1

Perlin Noise /
Perlin Noise我們一般稱為噪聲，
隨著(t)值時間的變化，
它會於自己的值域兩端來回變化，
它所產生的值(O)值域大多介於-1至1之間甚至更小，
(S)則是對值域做比例上的縮放

Multiplication & Amplitude /
因Perlin Noise的值非常小，
所以我們需將它乘以某數來增大其值，
並透過Amplitude將原本向量長度重新定義

將原本在圓錐體上的各個plane
延著相對其的向量長度挪移

Space
Invaders

太空侵略者

011

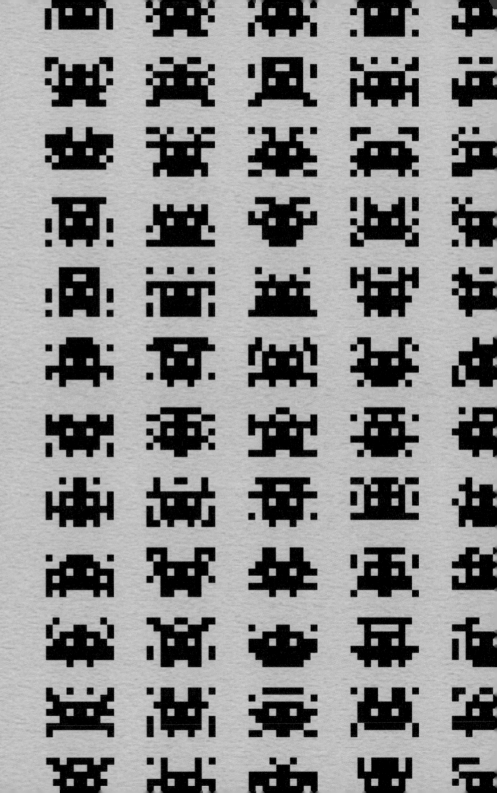

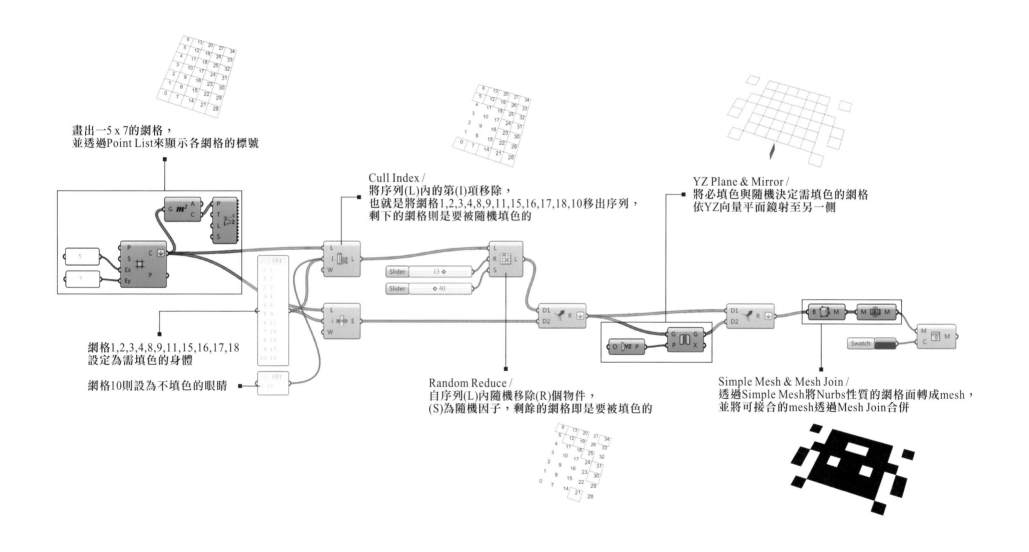

畫出一5 x 7的網格，
並透過Point List來顯示各網格的標號

Cull Index /
將序列(L)內的第(I)項移除，
也就是將網格1,2,3,4,8,9,11,15,16,17,18,10移出序列，
剩下的網格則是要被隨機填色的

YZ Plane & Mirror /
將必填色與隨機決定需填色的網格
依YZ向量平面鏡射至另一側

網格1,2,3,4,8,9,11,15,16,17,18
設定為需填色的身體

網格10則設為不填色的眼睛

Random Reduce /
自序列(L)內隨機移除(R)個物件，
(S)為隨機因子，剩餘的網格即是要被填色的

Simple Mesh & Mesh Join /
透過Simple Mesh將Nurbs性質的網格面轉成mesh，
並將可接合的mesh透過Mesh Join合併

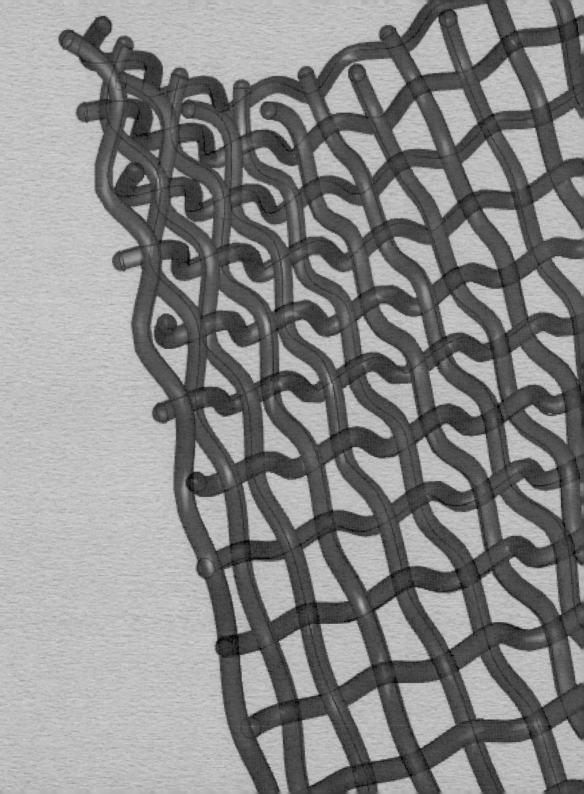

Knit

編織

012

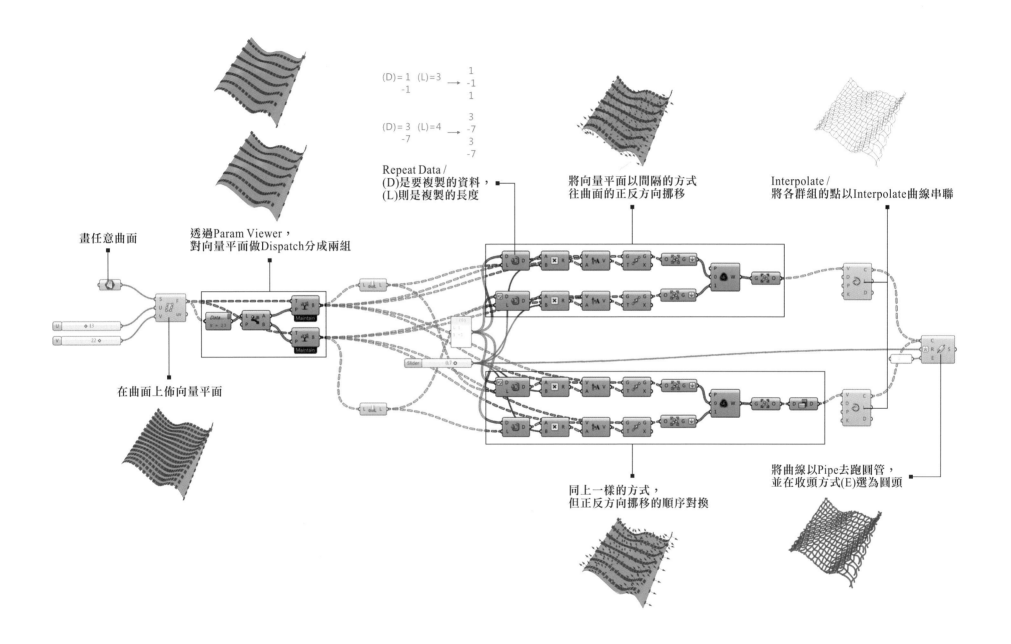

畫任意曲面

透過Param Viewer，
對向量平面做Dispatch分成兩組

(D) = 1　(L) = 3　→

(D) = 3　(L) = 4　→

Repeat Data /
(D)是要複製的資料，
(L)則是複製的長度

將向量平面以間隔的方式
往曲面的正反方向挪移

Interpolate /
將各群組的點以Interpolate曲線串聯

在曲面上佈向量平面

同上一樣的方式，
但正反方向挪移的順序對換

將曲線以Pipe去跑圓管，
並在收頭方式(E)選為圓頭

Menger Sponge

孟傑海綿

013

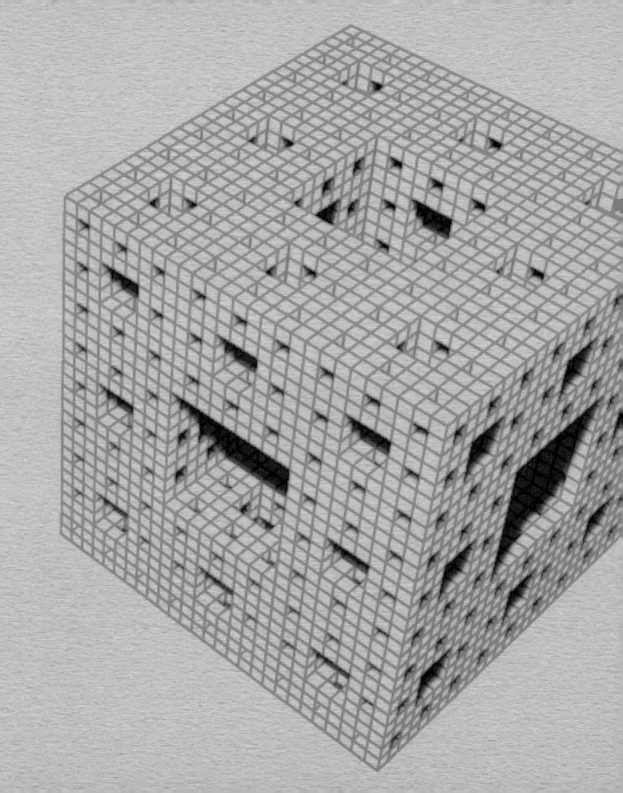

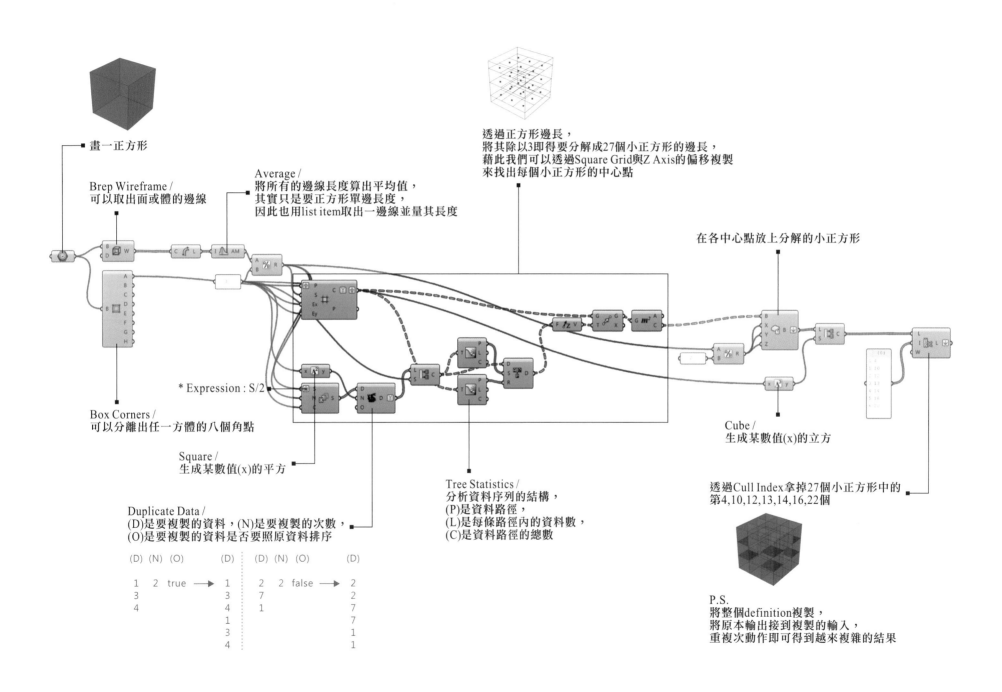

畫一正方形

Brep Wireframe /
可以取出面或體的邊線

Average /
將所有的邊線長度算出平均值，
其實只是要正方形單邊長度，
因此也用list item取出一邊線並量其長度

透過正方形邊長，
將其除以3即得要分解成27個小正方形的邊長，
藉此我們可以透過Square Grid與Z Axis的偏移複製
來找出每個小正方形的中心點

在各中心點放上分解的小正方形

Box Corners /
可以分離出任一方體的八個角點

* Expression : S/2

Square /
生成某數值(x)的平方

Cube /
生成某數值(x)的立方

Tree Statistics /
分析資料序列的結構，
(P)是資料路徑，
(L)是每條路徑內的資料數，
(C)是資料路徑的總數

透過Cull Index拿掉27個小正方形中的
第4,10,12,13,14,16,22個

Duplicate Data /
(D)是要複製的資料，(N)是要複製的次數，
(O)是要複製的資料是否要照原資料排序

(D)	(N)	(O)		(D)		(D)	(N)	(O)		(D)
1	2	true	→	1		2	2	false	→	2
3				3		7				2
4				4		1				7
				1						7
				3						1
				4						1

P.S.
將整個definition複製，
將原本輸出接到複製的輸入，
重複次動作即可得到越來複雜的結果

Polka Dots

波爾卡圓點

014

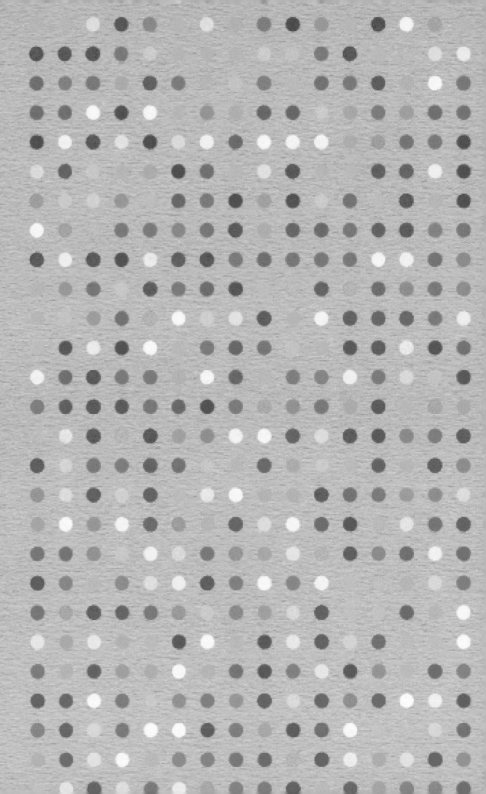

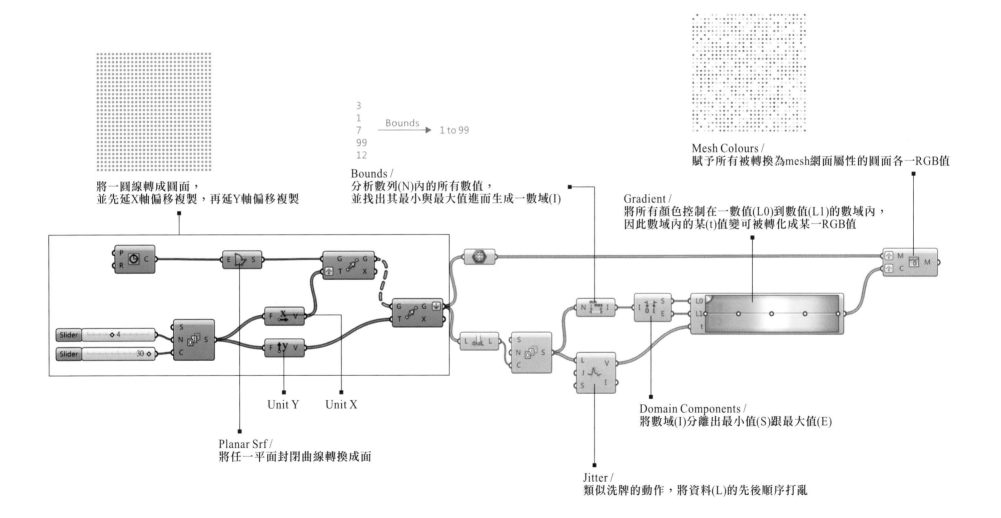

將一圓線轉成圓面，
並先延X軸偏移複製，再延Y軸偏移複製

3
1
7 ——Bounds——> 1 to 99
99
12

Bounds /
分析數列(N)內的所有數值，
並找出其最小與最大值進而生成一數域(I)

Mesh Colours /
賦予所有被轉換為mesh網面屬性的圓面各一RGB值

Gradient /
將所有顏色控制在一數值(L0)到數值(L1)的數域內，
因此數域內的某(t)值變可被轉化成某一RGB值

Unit Y   Unit X

Planar Srf /
將任一平面封閉曲線轉換成面

Domain Components /
將數域(I)分離出最小值(S)跟最大值(E)

Jitter /
類似洗牌的動作，將資料(L)的先後順序打亂

Twisted Torus

扭環

015

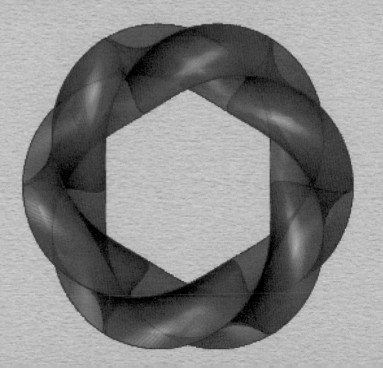

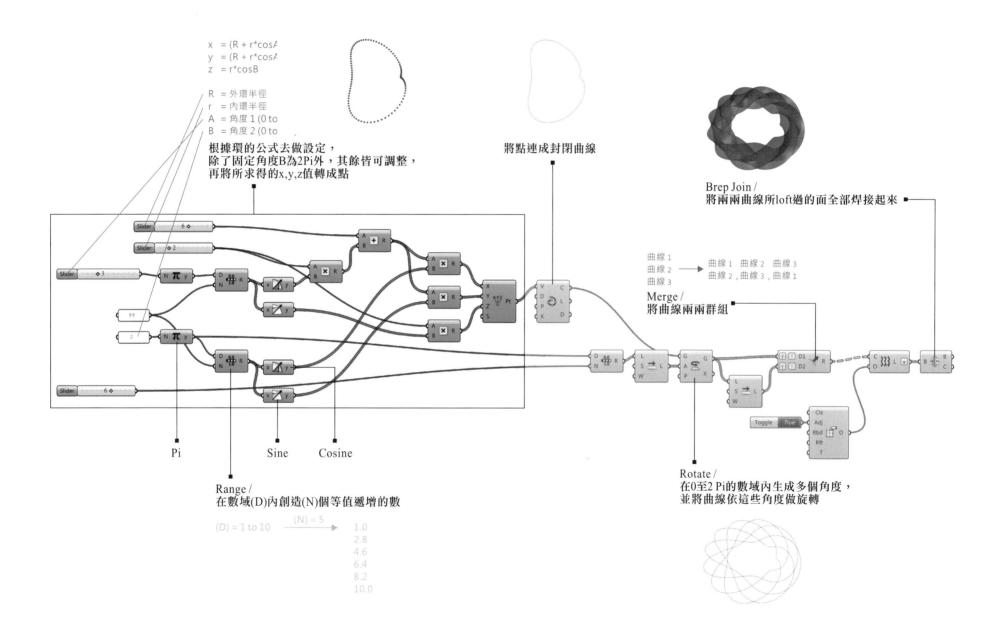

$x = (R + r*cosA$
$y = (R + r*cosA$
$z = r*cosB$

R = 外環半徑
r = 內環半徑
A = 角度1 (0 to
B = 角度2 (0 to

根據環的公式去做設定，
除了固定角度B為2Pi外，其餘皆可調整，
再將所求得的x,y,z值轉成點

將點連成封閉曲線

Brep Join /
將兩兩曲線所loft過的面全部焊接起來

曲線1
曲線2   曲線1 曲線2 曲線3
曲線3   曲線2，曲線3，曲線1

Merge /
將曲線兩兩群組

Slider   6
Slider   2
Slider   3
99
2
Slider   6

Pi   Sine   Cosine

Toggle   True

Range /
在數域(D)內創造(N)個等值遞增的數

(D) = 1 to 10   (N) = 5   1.0
                                2.8
                                4.6
                                6.4
                                8.2
                                10.0

Rotate /
在0至2 Pi的數域內生成多個角度，
並將曲線依這些角度做旋轉

Colorful Noodle

繽紛麵條

016

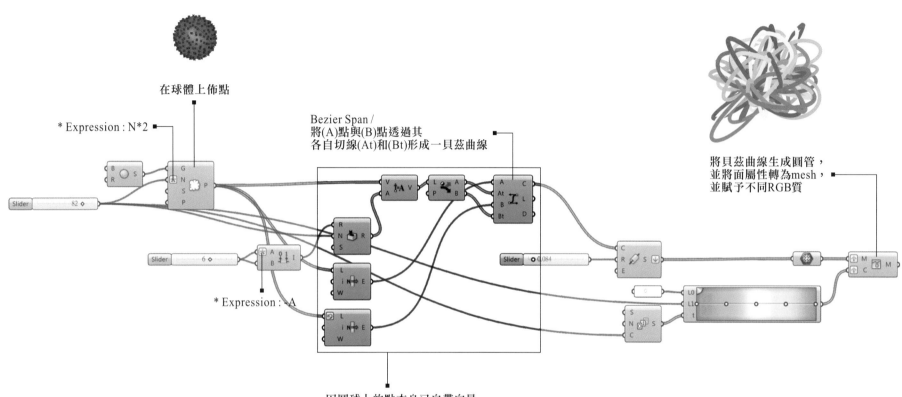

在球體上佈點

* Expression : N*2

Bezier Span /
將(A)點與(B)點透過其
各自切線(At)和(Bt)形成一貝茲曲線

將貝茲曲線生成圓管，
並將面屬性轉為mesh，
並賦予不同RGB質

Slider 82

Slider 6

* Expression : -A

Slider 0.084

Slider 0

因圓球上的點本身已自帶向量，
所以我們只需再透過Amptitude給予向量不同的強度
即可讓貝茲曲線的抖動不一

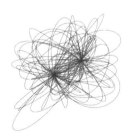

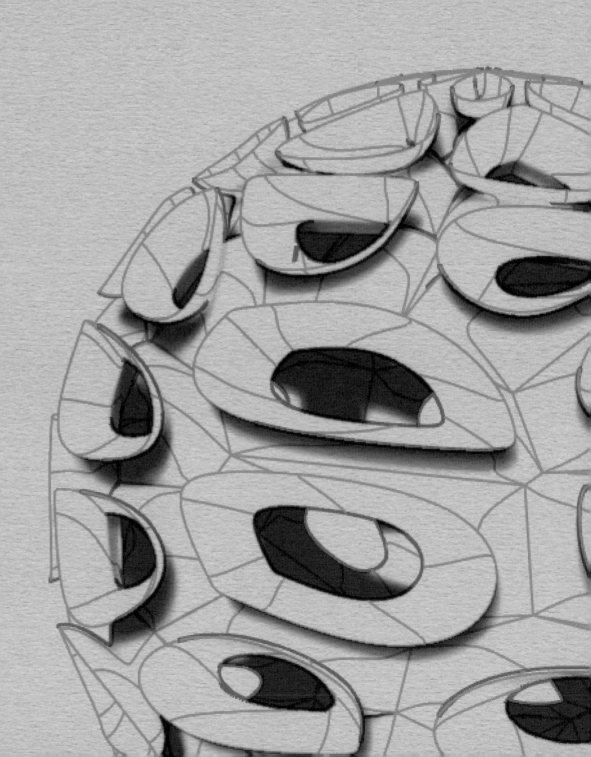

Suction Pad Sphere

吸盤球體

017

Bounding Box & Map To Surface /
透過Bounding Box我們能生成一包裹所有泰森多邊形
的方形(在此因多邊形皆在同一平面,因此可視為一方面)

在Map To Surface中,(T)為要將曲線投射上去的面,
(S)則為本來包含曲線的方面,(C)則是要投射的泰森多邊形,
結果即可看到將泰森多邊形投射至球體上的狀況

將各泰森多邊形控制點所構成的封閉曲線
依前面生成的遞迴值做縮放,
並依不同向量長度做偏移

Voronoi /
在(B)方形範圍內依據
點群(P)生成二維泰森多邊形

Control Points /
取出各泰森多邊形的控制點

Average /
將各點的xyz值平均得到一平均點

List Replace /
透過List Replace將各曲線群組的
第一條曲線替換成原本的泰森多邊形,
這樣我們可以確保球面為封閉的

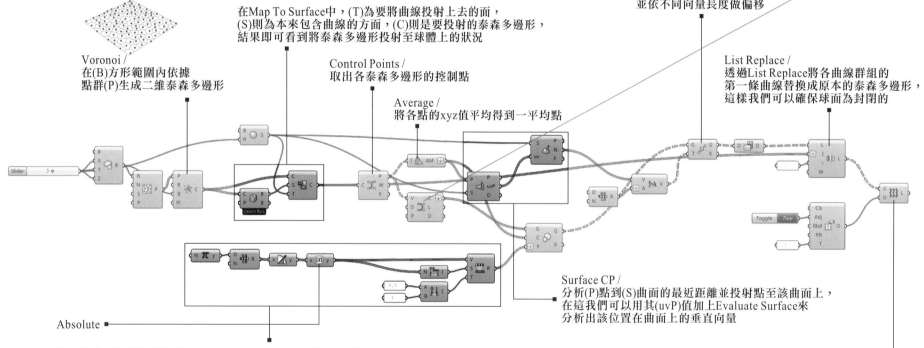

Surface CP /
分析(P)點到(S)曲面的最近距離並投射點至該曲面上,
在這我們可以用其(uvP)值加上Evaluate Surface來
分析出該位置在曲面上的垂直向量

Absolute

在Pi數域內生成的數值輸入至Cosine內我們即可得到由1遞減至-1的數值,
透過絕對值將所有數值強制成正值則數值會有遞迴性,
最後透過Remap Numbers即可控制值域的最大與最小值

將各曲線群組做Loft即可生成結果

0.0		1.0	1.0	1.0
0.628319		0.809017	0.809017	0.861803
1.256637	Cosine	0.309017	Absolute 0.309017	Remap 0.5
1.884956		-0.309017	0.309017	0.5
2.513274		-0.809017	0.809017	0.861803
Pi		-1.0	1.0	1.0

Floral Sphere

繡球

018

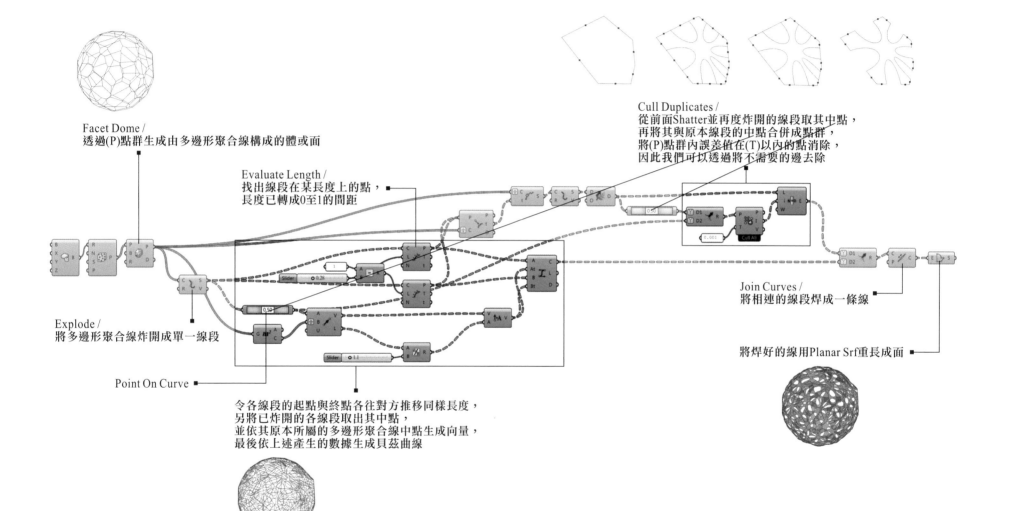

Facet Dome /
透過(P)點群生成由多邊形聚合線構成的體或面

Evaluate Length /
找出線段在某長度上的點,
長度已轉成0至1的間距

Cull Duplicates /
從前面Shatter並再度炸開的線段取其中點,
再將其與原本線段的中點合併成點群,
將(P)點群內誤差值在(T)以內的點消除,
因此我們可以透過將不需要的邊去除

Explode /
將多邊形聚合線炸開成單一線段

Point On Curve

Join Curves /
將相連的線段焊成一條線

將焊好的線用Planar Srf重長成面

令各線段的起點與終點各往對方推移同樣長度,
另將已炸開的各線段取出其中點,
並依其原本所屬的多邊形聚合線中點生成向量,
最後依上述產生的數據生成貝茲曲線

Blossom

開花

019

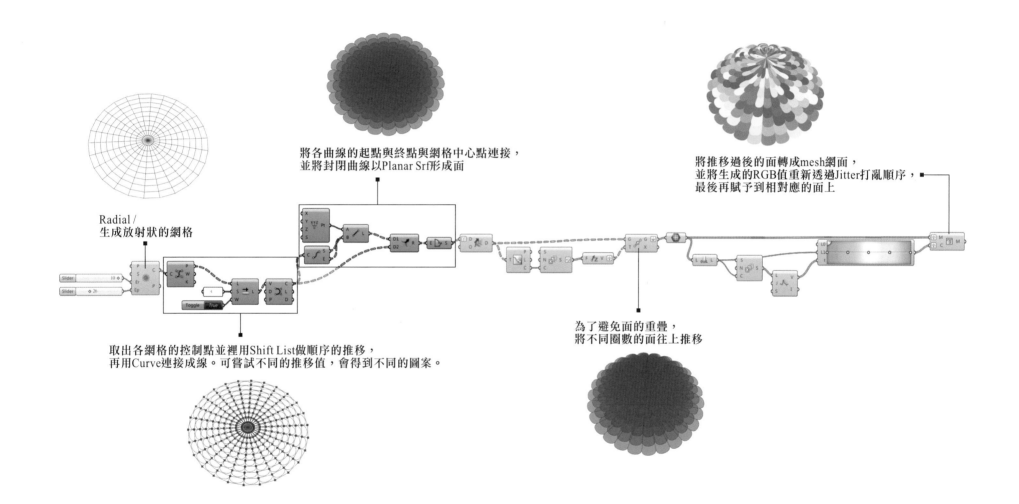

將各曲線的起點與終點與網格中心點連接，
並將封閉曲線以Planar Srf形成面

將推移過後的面轉成mesh網面，
並將生成的RGB值重新透過Jitter打亂順序，
最後再賦予到相對應的面上

Radial /
生成放射狀的網格

取出各網格的控制點並裡用Shift List做順序的推移，
再用Curve連接成線。可嘗試不同的推移值，會得到不同的圖案。

為了避免面的重疊，
將不同圈數的面往上推移

Splash

潑水花

020

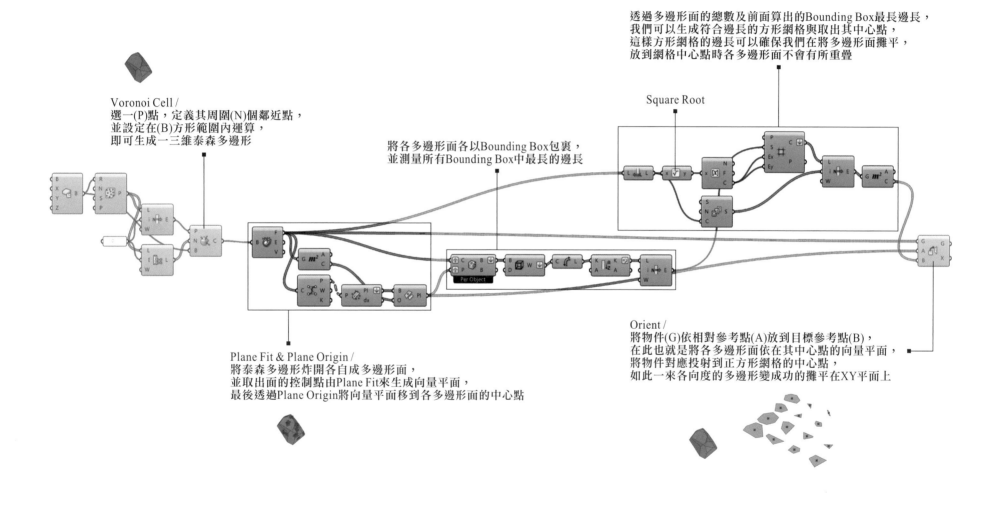

透過多邊形面的總數及前面算出的Bounding Box最長邊長，
我們可以生成符合邊長的方形網格與取出其中心點，
這樣方形網格的邊長可以確保我們在將多邊形面攤平，
放到網格中心點時各多邊形面不會有所重疊

Voronoi Cell /
選一(P)點，定義其周圍(N)個鄰近點，
並設定在(B)方形範圍內運算，
即可生成一三維泰森多邊形

Square Root

將各多邊形面各以Bounding Box包裹，
並測量所有Bounding Box中最長的邊長

Plane Fit & Plane Origin /
將泰森多邊形炸開各自成多邊形面，
並取出面的控制點由Plane Fit來生成向量平面，
最後透過Plane Origin將向量平面移到各多邊形面的中心點

Orient /
將物件(G)依相對參考點(A)放到目標參考點(B)，
在此也就是將各多邊形面依在其中心點的向量平面，
將物件對應投射到正方形網格的中心點，
如此一來各向度的多邊形變成功的攤平在XY平面上

Squeeze

擠壓

021

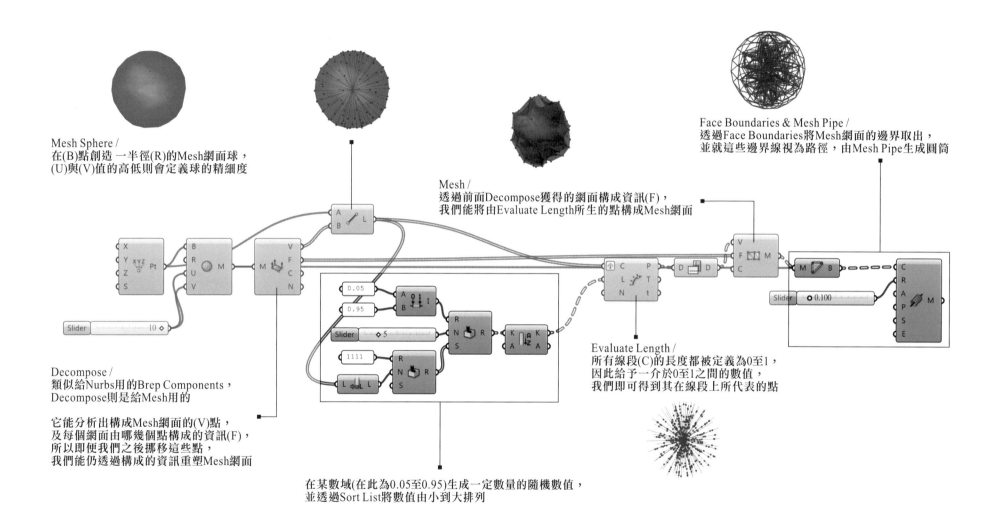

Mesh Sphere /
在(B)點創造一半徑(R)的Mesh網面球，
(U)與(V)值的高低則會定義球的精細度

Mesh /
透過前面Decompose獲得的網面構成資訊(F)，
我們能將由Evaluate Length所生的點構成Mesh網面

Face Boundaries & Mesh Pipe /
透過Face Boundaries將Mesh網面的邊界取出，
並就這些邊界線視為路徑，由Mesh Pipe生成圓筒

Decompose /
類似給Nurbs用的Brep Components，
Decompose則是給Mesh用的

它能分析出構成Mesh網面的(V)點，
及每個網面由哪幾個點構成的資訊(F)，
所以即便我們之後挪移這些點，
我們能仍透過構成的資訊重塑Mesh網面

Evaluate Length /
所有線段(C)的長度都被定義為0至1，
因此給予一介於0至1之間的數值，
我們即可得到其在線段上所代表的點

在某數域(在此為0.05至0.95)生成一定量的隨機數值，
並透過Sort List將數值由小到大排列

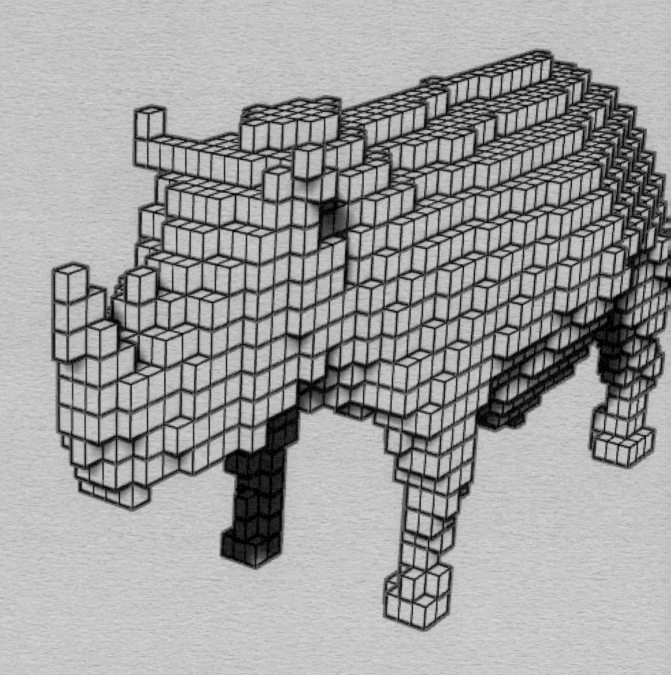

Voxel

體素

022

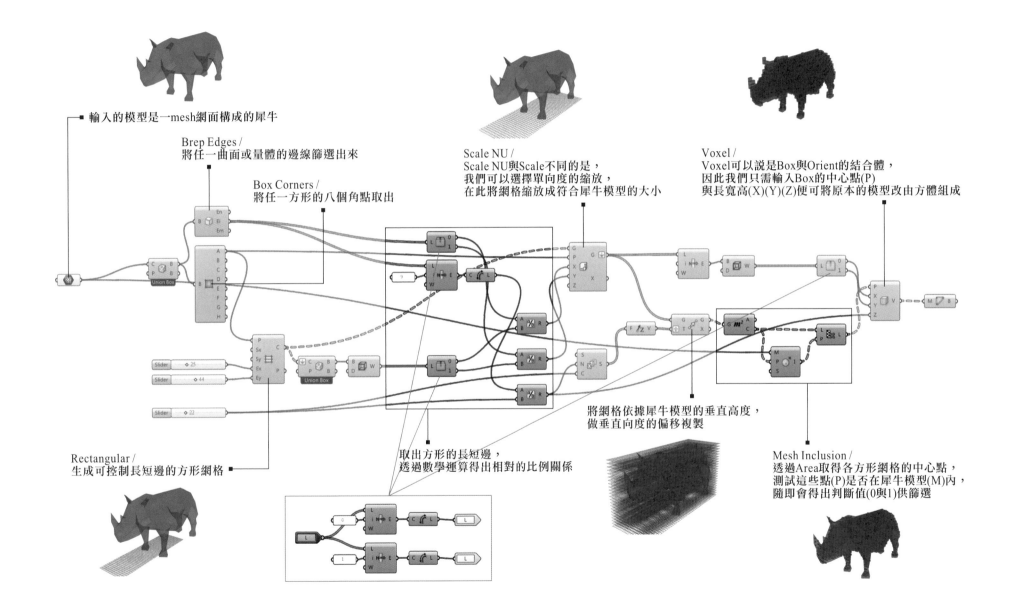

輸入的模型是一mesh網面構成的犀牛

Brep Edges /
將任一曲面或量體的邊線篩選出來

Box Corners /
將任一方形的八個角點取出

Scale NU /
Scale NU與Scale不同的是，
我們可以選擇單向度的縮放，
在此將網格縮放成符合犀牛模型的大小

Voxel /
Voxel可以說是Box與Orient的結合體，
因此我們只需輸入Box的中心點(P)
與長寬高(X)(Y)(Z)便可將原本的模型改由方體組成

Rectangular /
生成可控制長短邊的方形網格

取出方形的長短邊，
透過數學運算得出相對的比例關係

將網格依據犀牛模型的垂直高度，
做垂直向度的偏移複製

Mesh Inclusion /
透過Area取得各方形網格的中心點，
測試這些點(P)是否在犀牛模型(M)內，
隨即會得出判斷值(0與1)供篩選

Thunderbolt

霹靂球

023

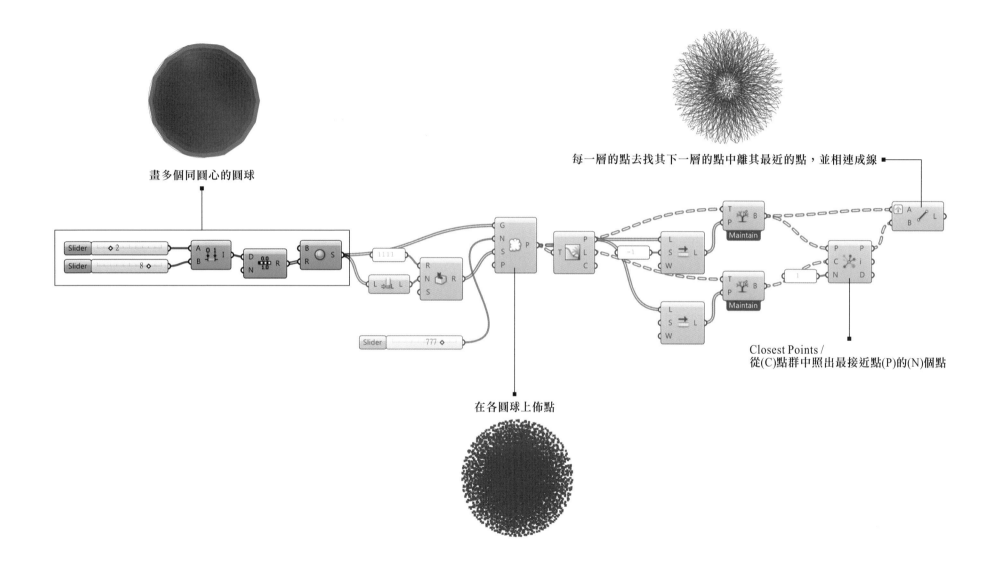

畫多個同圓心的圓球

每一層的點去找其下一層的點中離其最近的點，並相連成線

Closest Points /
從(C)點群中照出最接近點(P)的(N)個點

在各圓球上佈點

Untitled I

無題 一

024

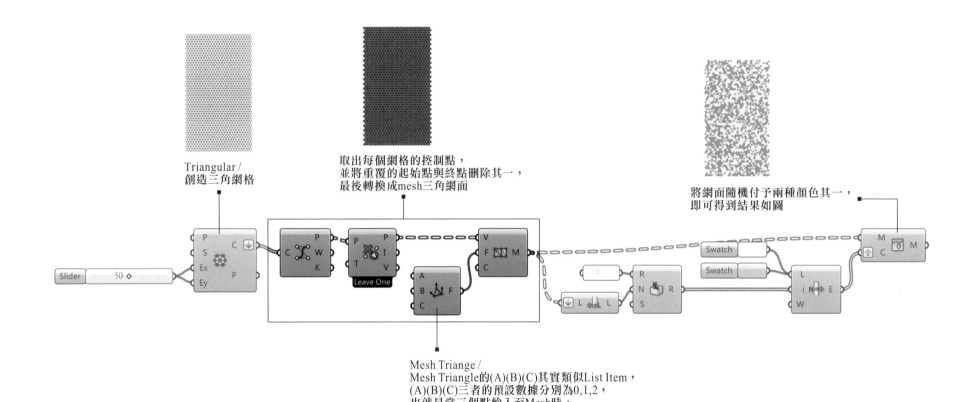

Triangular /
創造三角網格

取出每個網格的控制點，
並將重覆的起始點與終點刪除其一，
最後轉換成mesh三角網面

將網面隨機付予兩種顏色其一，
即可得到結果如圖

Slider   50 ◇

Leave One

Mesh Triange /
Mesh Triangle的(A)(B)(C)其實類似List Item，
(A)(B)(C)三者的預設數據分別為0,1,2，
也就是當三個點輸入至Mesh時，
它會根據(A)(B)(C)的值來決定三點如何依序構成mesh網面

Tree Root

樹根

025

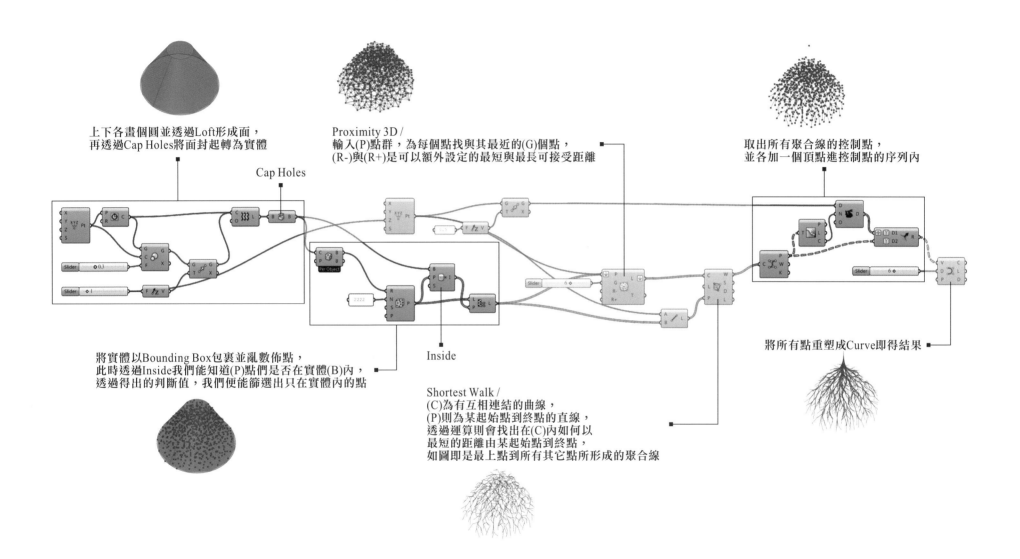

上下各畫個圓並透過Loft形成面，
再透過Cap Holes將面封起轉為實體

Cap Holes

Proximity 3D /
輸入(P)點群，為每個點找與其最近的(G)個點，
(R-)與(R+)是可以額外設定的最短與最長可接受距離

取出所有聚合線的控制點，
並各加一個頂點進控制點的序列內

將實體以Bounding Box包裹並亂數佈點，
此時透過Inside我們能知道(P)點們是否在實體(B)內，
透過得出的判斷值，我們便能篩選出只在實體內的點

Inside

將所有點重塑成Curve即得結果

Shortest Walk /
(C)為有互相連結的曲線，
(P)則為某起始點到終點的直線，
透過運算則會找出在(C)內如何以
最短的距離由某起始點到終點，
如圖即是最上點到所有其它點所形成的聚合線

Gear Wheel

歯輪

026

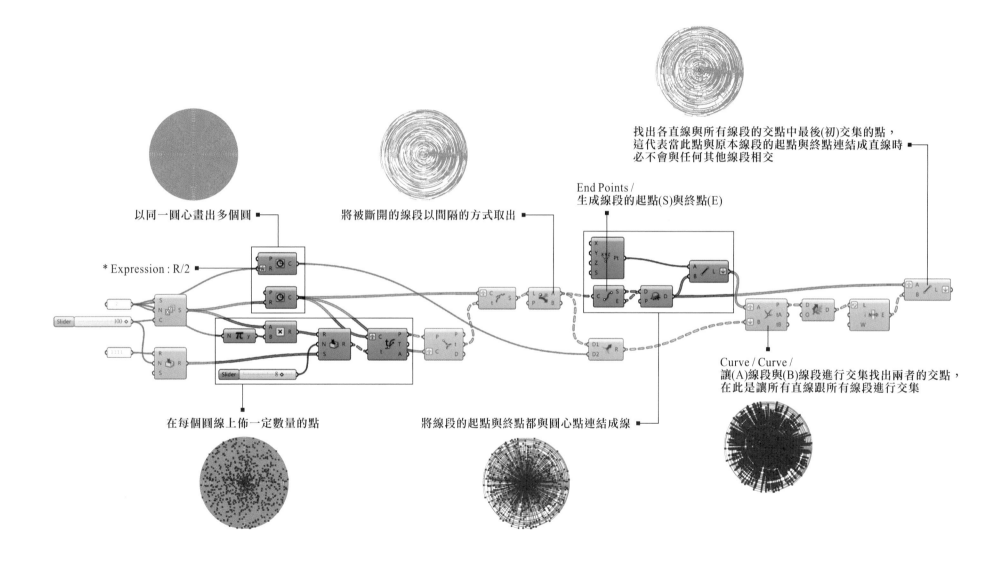

以同一圓心畫出多個圓

將被斷開的線段以間隔的方式取出

End Points /
生成線段的起點(S)與終點(E)

找出各直線與所有線段的交點中最後(初)交集的點，
這代表當此點與原本線段的起點與終點連結成直線時
必不會與任何其他線段相交

* Expression : R/2

在每個圓線上佈一定數量的點

將線段的起點與終點都與圓心點連結成線

Curve / Curve /
讓(A)線段與(B)線段進行交集找出兩者的交點，
在此是讓所有直線跟所有線段進行交集

Slider   100

Slider   8

Wrinkle

皺紋

027

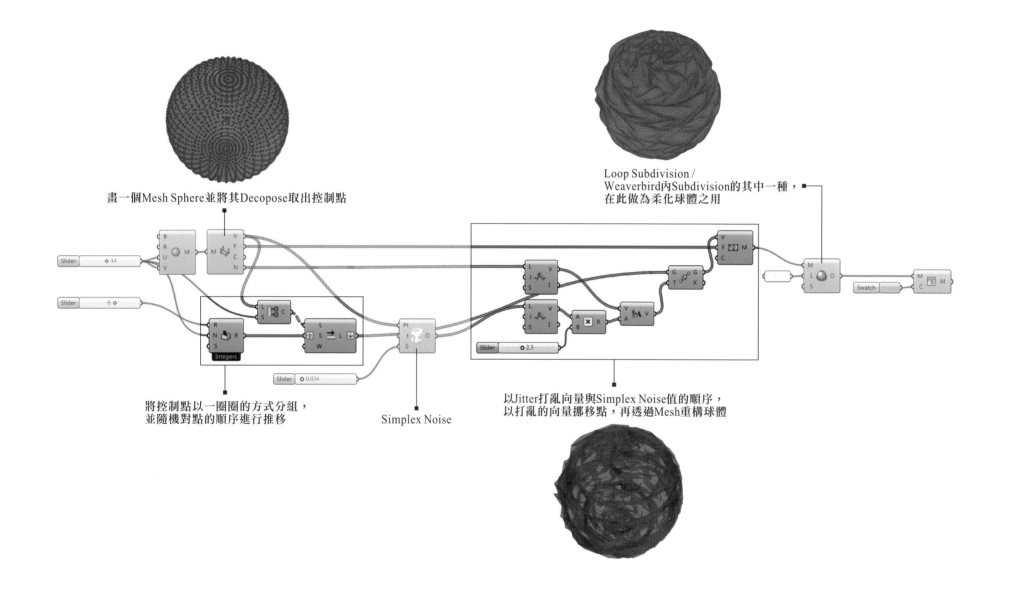

畫一個Mesh Sphere並將其Decopose取出控制點

Loop Subdivision /
Weaverbird內Subdivision的其中一種，
在此做為柔化球體之用

將控制點以一圈圈的方式分組，
並隨機對點的順序進行推移

Simplex Noise

以Jitter打亂向量與Simplex Noise值的順序，
以打亂的向量挪移點，再透過Mesh重構球體

Twist

扭轉

028

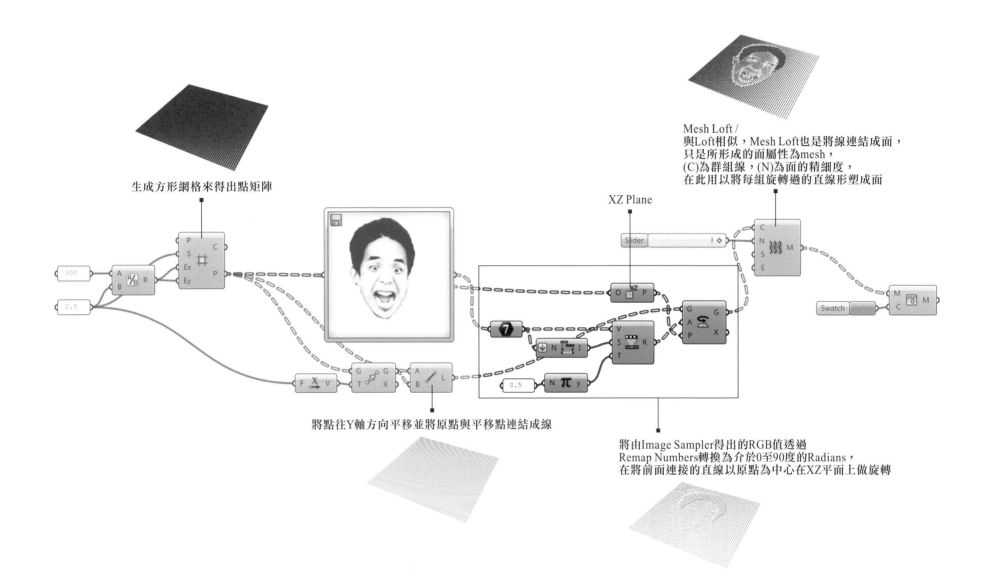

生成方形網格來得出點矩陣

Mesh Loft /
與Loft相似，Mesh Loft也是將線連結成面，
只是所形成的面屬性為mesh，
(C)為群組線，(N)為面的精細度，
在此用以將每組旋轉過的直線形塑成面

XZ Plane

將點往Y軸方向平移並將原點與平移點連結成線

將由Image Sampler得出的RGB值透過
Remap Numbers轉換為介於0至90度的Radians，
在將前面連接的直線以原點為中心在XZ平面上做旋轉

Hexagon
Transformation

六角形漸變

029

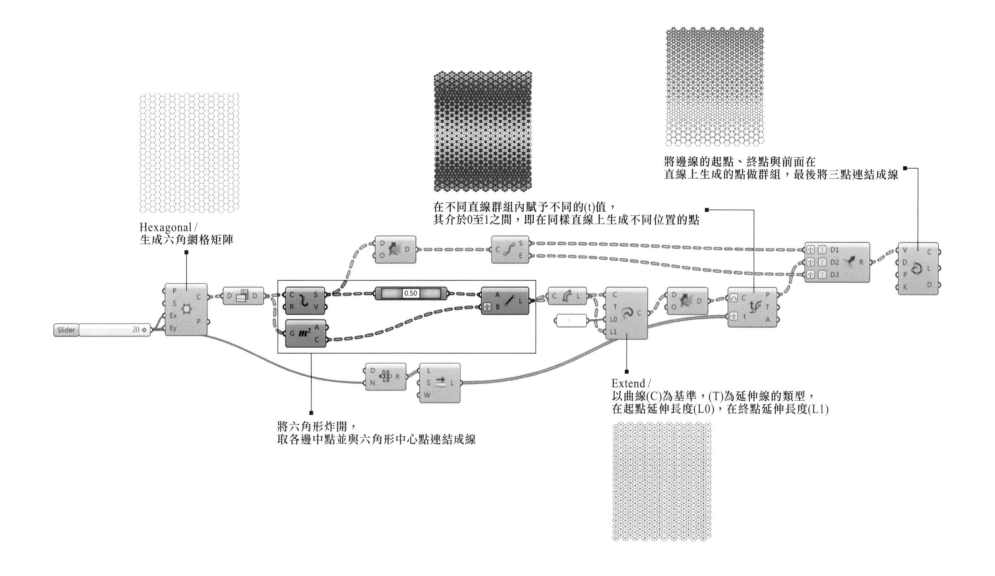

Hexagonal /
生成六角網格矩陣

在不同直線群組內賦予不同的(t)值，
其介於0至1之間，即在同樣直線上生成不同位置的點

將邊線的起點、終點與前面在
直線上生成的點做群組，最後將三點連結成線

將六角形炸開，
取各邊中點並與六角形中心點連結成線

Extend /
以曲線(C)為基準，(T)為延伸線的類型，
在起點延伸長度(L0)，在終點延伸長度(L1)

Melt

融化

030

生成正方形矩陣並取其節點

將點連結成曲線即得結果如圖

* Expression：-A

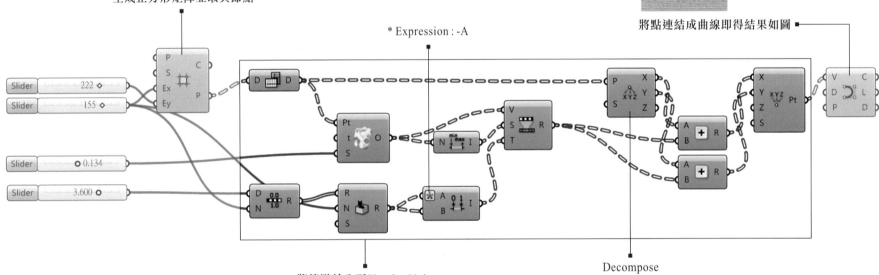

Decompose

將節點輸入至Simplex Noise，
並將所得的數值再轉換至我們所設定的值域內，
最後將轉換後的數值加到原本節點的X與Y值使點位移

Stringy

拉絲

031

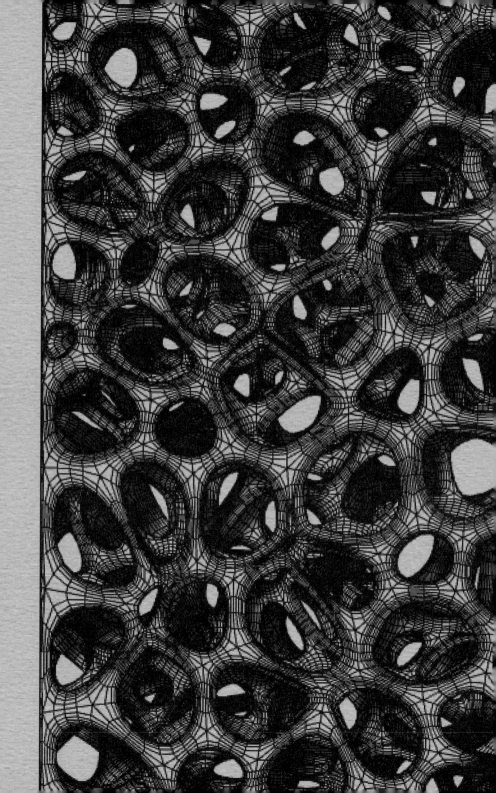

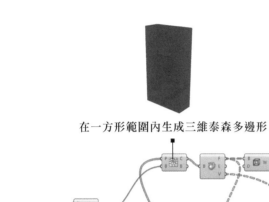

在一方形範圍內生成三維泰森多邊形

Picture Frame /
Weaverbird的Picture Frame能將聚合線或mesh網面(M)
offset(D)距離後轉成中間鏤空的mesh網面

Join Meshes And Weld /
Weaverbird的Join Meshes And Weld能將
所有mesh網面做焊接並清除重複點的動作，

在此將貼在方形上的泰森多邊形與方形裡
內縮的泰森多邊形各自的Picture Frame做焊接

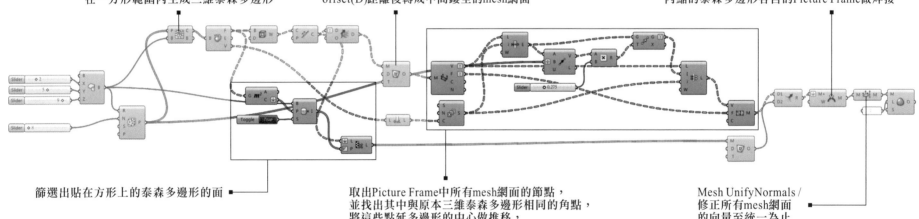

篩選出貼在方形上的泰森多邊形的面

取出Picture Frame中所有mesh網面的節點，
並找出其中與原本三維泰森多邊形相同的角點，
將這些點延多邊形的中心做推移，
然後令這些推移過後的點透過List Replace將原本的角點替換掉，
最後再依原本構成mesh網面的點順序重塑網面

Mesh UnifyNormals /
修正所有mesh網面
的向量至統一為止

將縮得的結果透過Weaverbird做柔化

Cubics

方團

032

在每次所得的方形內再次佈點，
因此又可以得到更為細分的方形

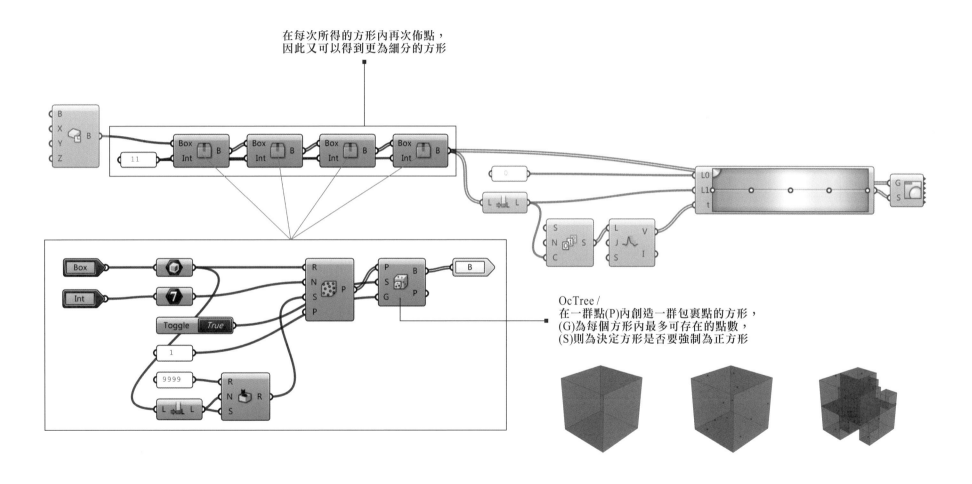

OcTree /
在一群點(P)內創造一群包裹點的方形，
(G)為每個方形內最多可存在的點數，
(S)則為決定方形是否要強制為正方形

Crystal

水晶

033

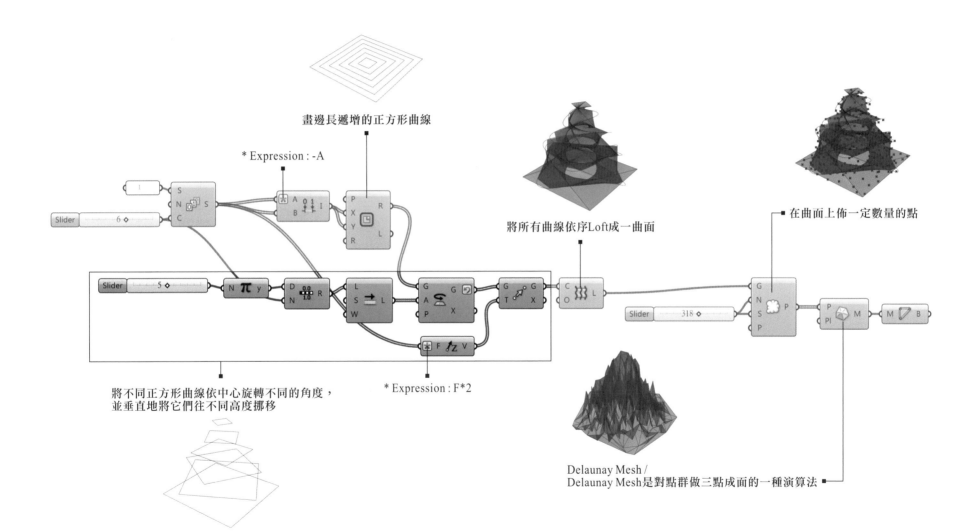

畫邊長遞增的正方形曲線

* Expression : -A

將所有曲線依序Loft成一曲面

在曲面上佈一定數量的點

將不同正方形曲線依中心旋轉不同的角度，
並垂直地將它們往不同高度挪移

* Expression : F*2

Delaunay Mesh /
Delaunay Mesh是對點群做三點成面的一種演算法

Untitled II

無題 二

034

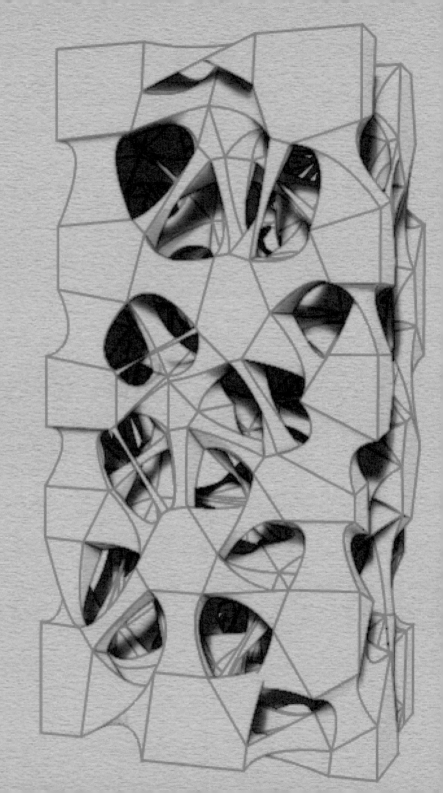

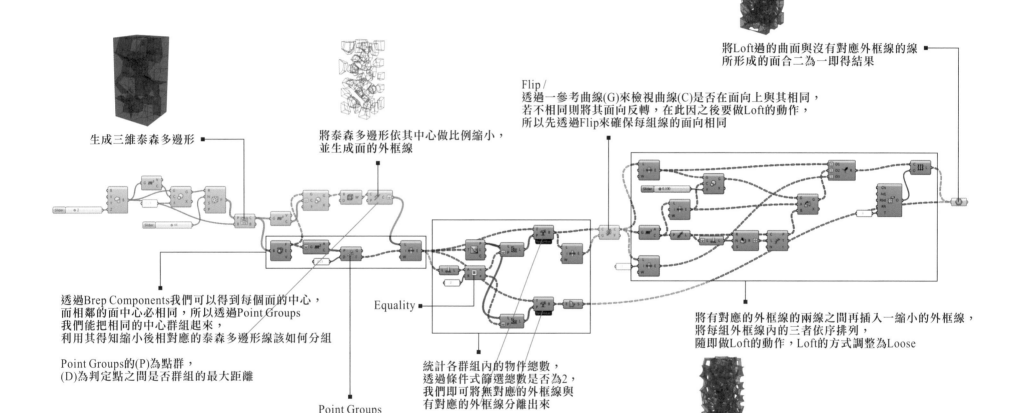

生成三維泰森多邊形

將泰森多邊形依其中心做比例縮小，
並生成面的外框線

Flip /
透過一參考曲線(G)來檢視曲線(C)是否在面向上與其相同，
若不相同則將其面向反轉，在此因之後要做Loft的動作，
所以先透過Flip來確保每組線的面向相同

將Loft過的曲面與沒有對應外框線的線
所形成的面合二為一即得結果

透過Brep Components我們可以得到每個面的中心，
而相鄰的面中心必相同，所以透過Point Groups
我們能把相同的中心群組起來，
利用其得知縮小後相對應的泰森多邊形線該如何分組

Point Groups的(P)為點群，
(D)為判定點之間是否群組的最大距離

Point Groups

Equality

統計各群組內的物件總數，
透過條件式篩選總數是否為2，
我們即可將無對應的外框線與
有對應的外框線分離出來

將有對應的外框線的兩線之間再插入一縮小的外框線，
將每組外框線內的三者依序排列，
隨即做Loft的動作，Loft的方式調整為Loose

Ribbon

緞帶

035

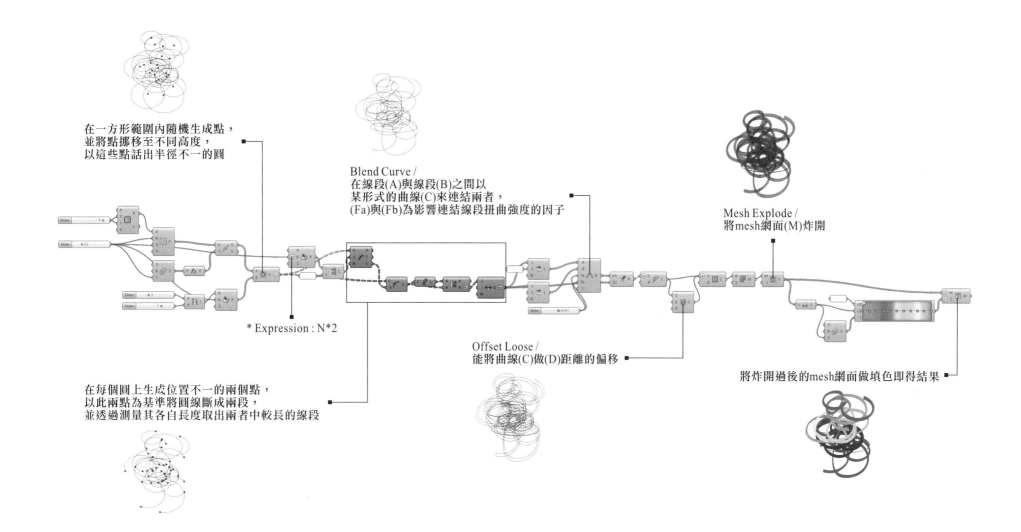

在一方形範圍內隨機生成點，
並將點挪移至不同高度，
以這些點話出半徑不一的圓

Blend Curve /
在線段(A)與線段(B)之間以
某形式的曲線(C)來連結兩者，
(Fa)與(Fb)為影響連結線段扭曲強度的因子

Mesh Explode /
將mesh網面(M)炸開

* Expression : N*2

在每個圓上生成位置不一的兩個點，
以此兩點為基準將圓線斷成兩段，
並透過測量其各自長度取出兩者中較長的線段

Offset Loose /
能將曲線(C)做(D)距離的偏移

將炸開過後的mesh網面做填色即得結果

Module I

模矩一

036

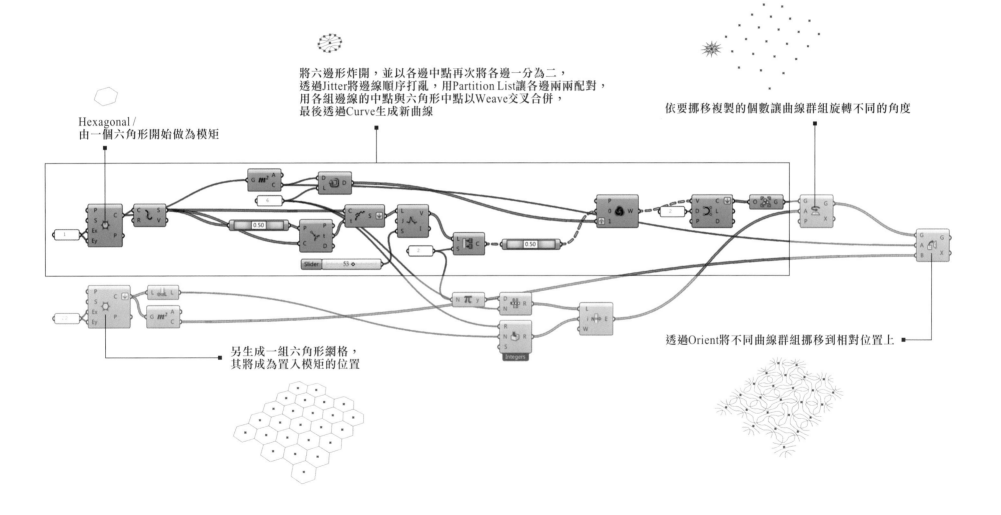

將六邊形炸開，並以各邊中點再次將各邊一分為二，
透過Jitter將邊線順序打亂，用Partition List讓各邊兩兩配對，
用各組邊線的中點與六角形中點以Weave交叉合併，
最後透過Curve生成新曲線

依要挪移複製的個數讓曲線群組旋轉不同的角度

Hexagonal /
由一個六角形開始做為模矩

另生成一組六角形網格，
其將成為置入模矩的位置

透過Orient將不同曲線群組挪移到相對位置上

Module II

模矩 二

037

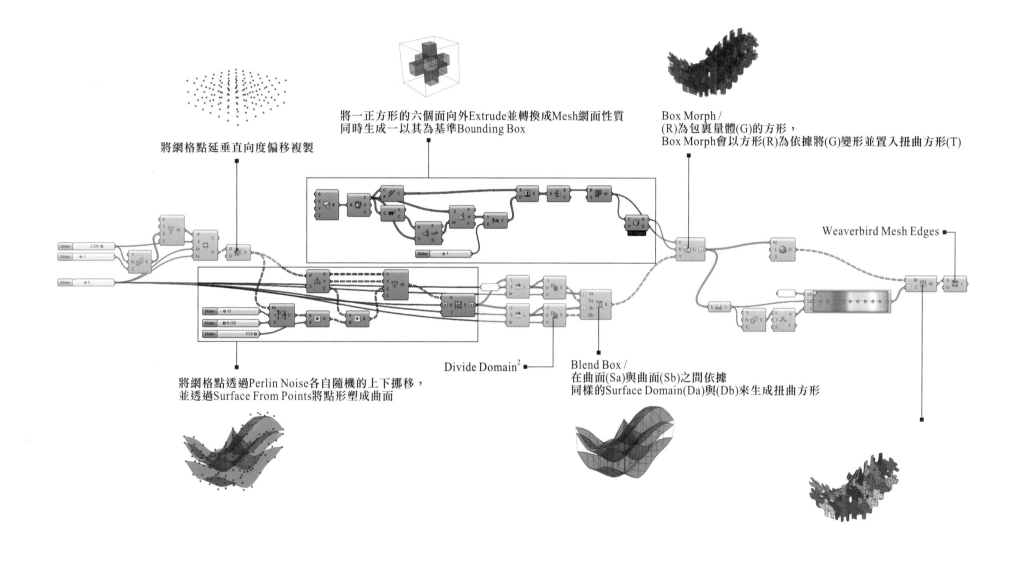

將網格點延垂直向度偏移複製

將一正方形的六個面向外Extrude並轉換成Mesh網面性質
同時生成一以其為基準Bounding Box

Box Morph /
(R)為包裹量體(G)的方形，
Box Morph會以方形(R)為依據將(G)變形並置入扭曲方形(T)

Weaverbird Mesh Edges

將網格點透過Perlin Noise各自隨機的上下挪移，
並透過Surface From Points將點形塑成曲面

Divide Domain²

Blend Box /
在曲面(Sa)與曲面(Sb)之間依據
同樣的Surface Domain(Da)與(Db)來生成扭曲方形

Triangle Illusion

三角形錯覺

038

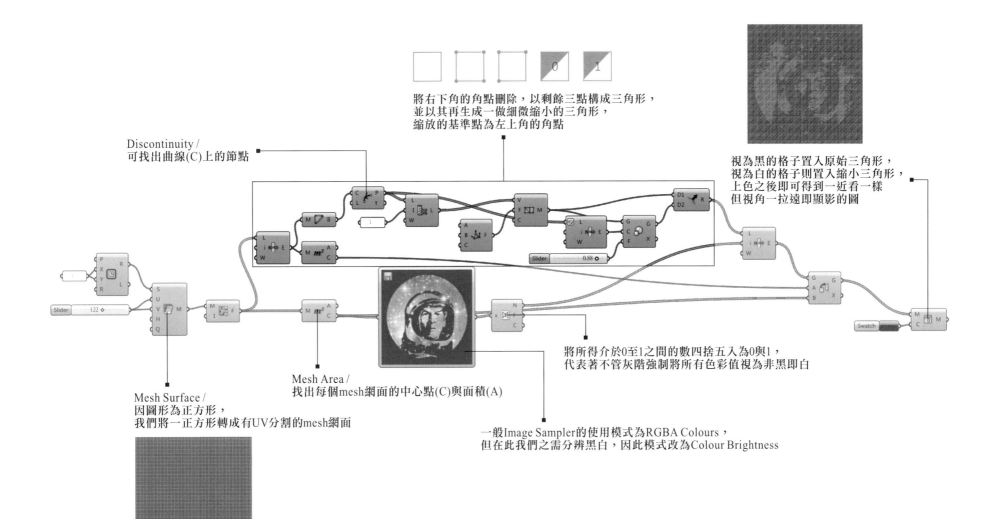

將右下角的角點刪除，以剩餘三點構成三角形，
並以其再生成一做細微縮小的三角形，
縮放的基準點為左上角的角點

Discontinuity /
可找出曲線(C)上的節點

視為黑的格子置入原始三角形，
視為白的格子則置入縮小三角形，
上色之後即可得到一近看一樣
但視角一拉遠即顯影的圖

Mesh Area /
找出每個mesh網面的中心點(C)與面積(A)

將所得介於0至1之間的數四捨五入為0與1，
代表著不管灰階強制將所有色彩值視為非黑即白

Mesh Surface /
因圖形為正方形，
我們將一正方形轉成有UV分割的mesh網面

一般Image Sampler的使用模式為RGBA Colours，
但在此我們之需分辨黑白，因此模式改為Colour Brightness

Untitled III

無題 三

039

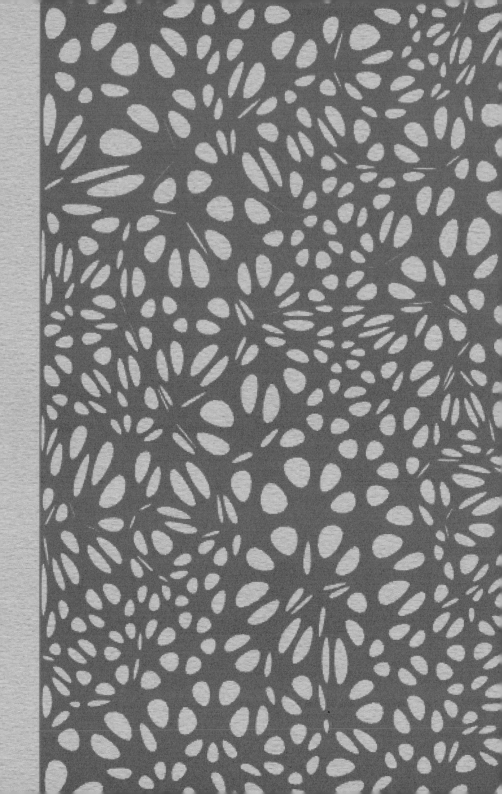

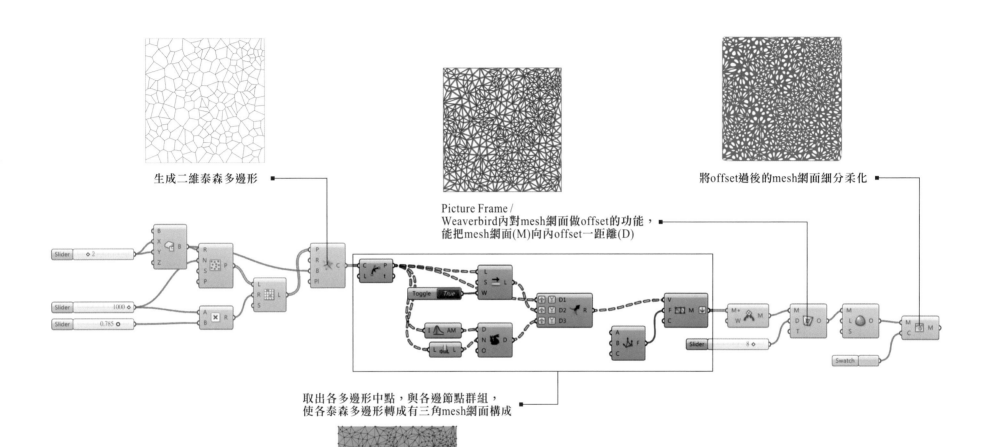

生成二維泰森多邊形 ■

Picture Frame /
Weaverbird內對mesh網面做offset的功能，
能把mesh網面(M)向內offset一距離(D)

將offset過後的mesh網面細分柔化 ■

取出各多邊形中點，與各邊節點群組，
使各泰森多邊形轉成有三角mesh網面構成

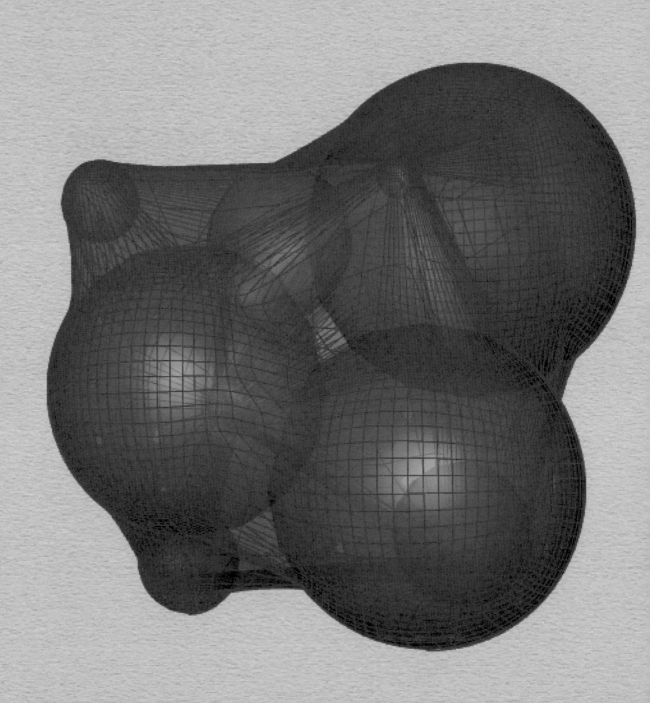

Saran Wrap

保鮮膜

040

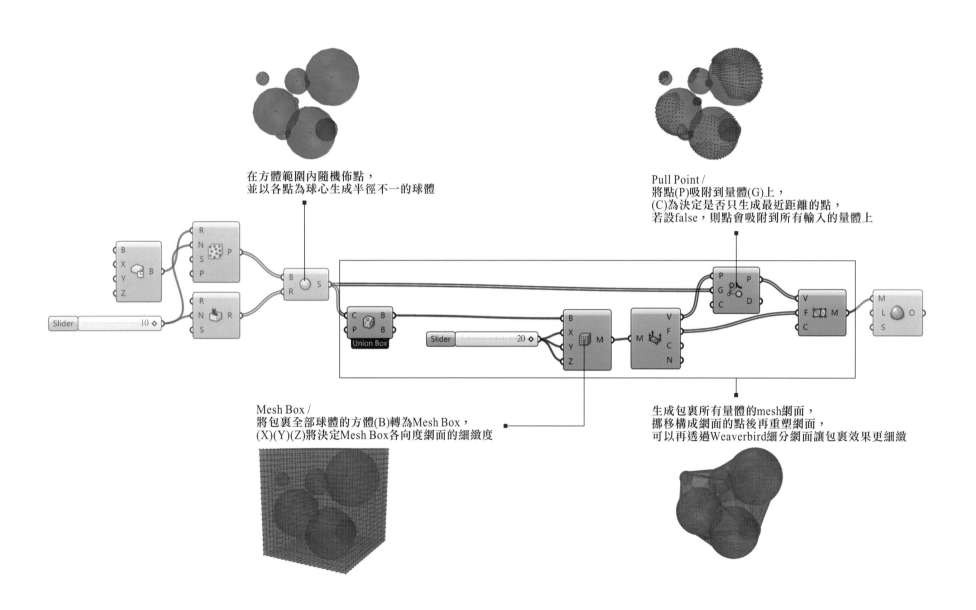

在方體範圍內隨機佈點，
並以各點為球心生成半徑不一的球體

Pull Point /
將點(P)吸附到量體(G)上，
(C)為決定是否只生成最近距離的點，
若設false，則點會吸附到所有輸入的量體上

Union Box

Mesh Box /
將包裹全部球體的方體(B)轉為Mesh Box，
(X)(Y)(Z)將決定Mesh Box各向度網面的細緻度

生成包裹所有量體的mesh網面，
挪移構成網面的點後再重塑網面，
可以再透過Weaverbird細分網面讓包裹效果更細緻

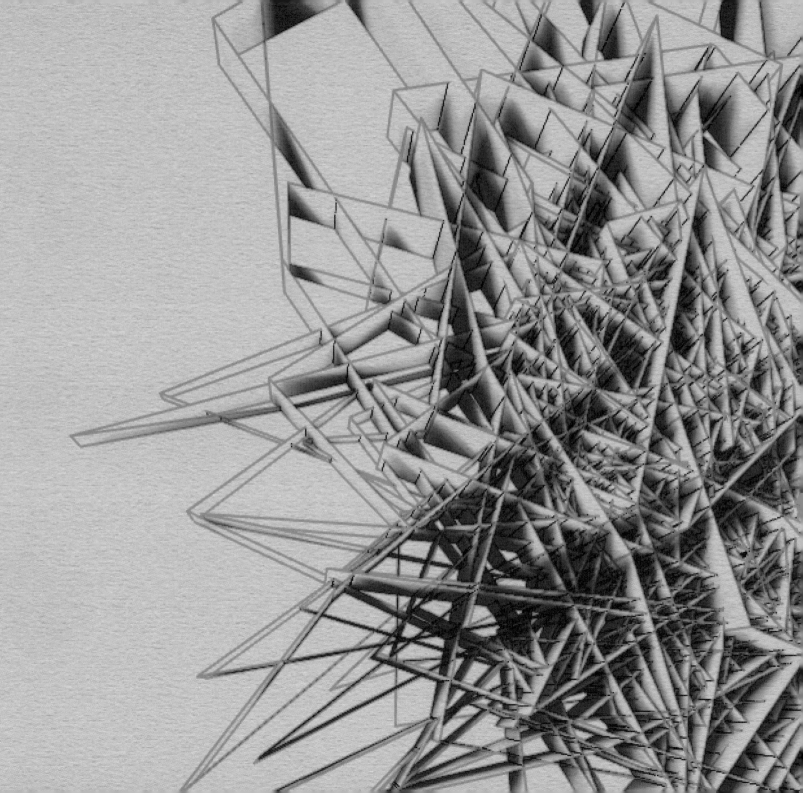

Crazy
Intersections

瘋狂交集

041

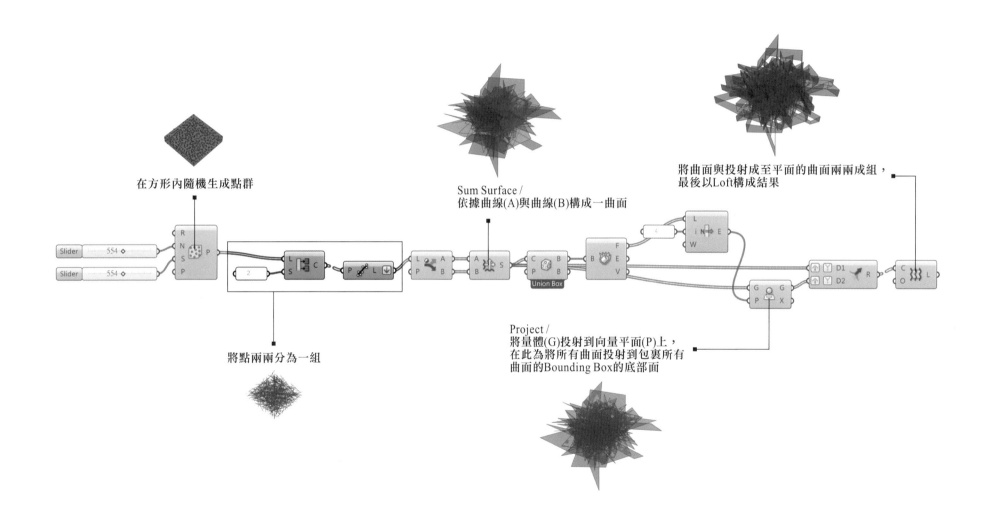

在方形內隨機生成點群

將點兩兩分為一組

Sum Surface /
依據曲線(A)與曲線(B)構成一曲面

將曲面與投射成至平面的曲面兩兩成組，
最後以Loft構成結果

Project /
將量體(G)投射到向量平面(P)上，
在此為將所有曲面投射到包裹所有
曲面的Bounding Box的底部面

Slider   554 ◇

Slider   554 ◇

Union Box

Brick Wall

磚牆

042

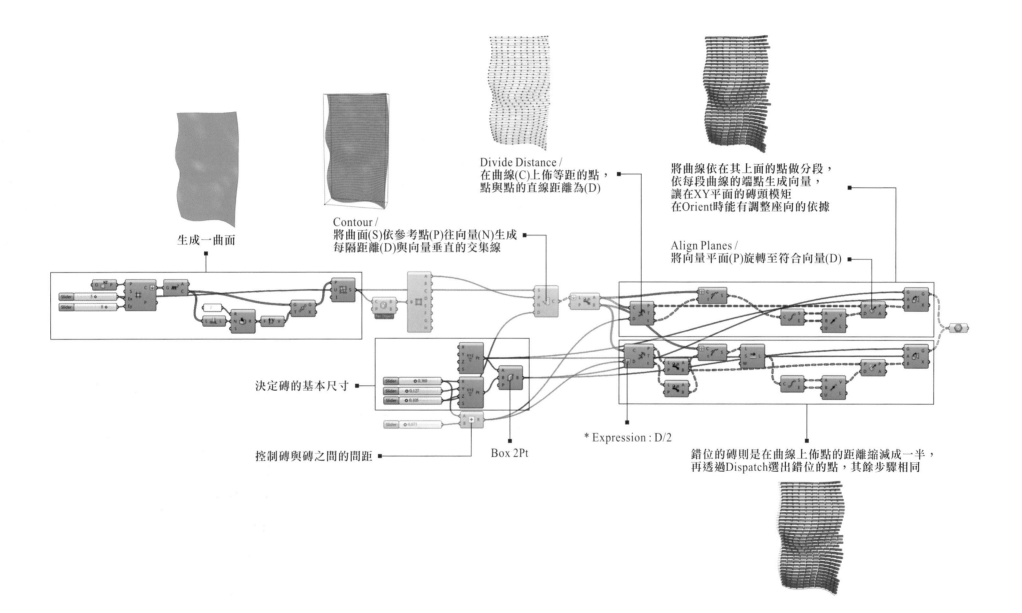

生成一曲面

Contour /
將曲面(S)依參考點(P)往向量(N)生成
每隔距離(D)與向量垂直的交集線

Divide Distance /
在曲線(C)上佈等距的點，
點與點的直線距離為(D)

將曲線依在其上面的點做分段，
依每段曲線的端點生成向量，
讓在XY平面的磚頭模矩
在Orient時能有調整座向的依據

Align Planes /
將向量平面(P)旋轉至符合向量(D)

決定磚的基本尺寸

控制磚與磚之間的間距

Box 2Pt

* Expression : D/2

錯位的磚則是在曲線上佈點的距離縮減成一半，
再透過Dispatch選出錯位的點，其餘步驟相同

Connectors
接頭

043

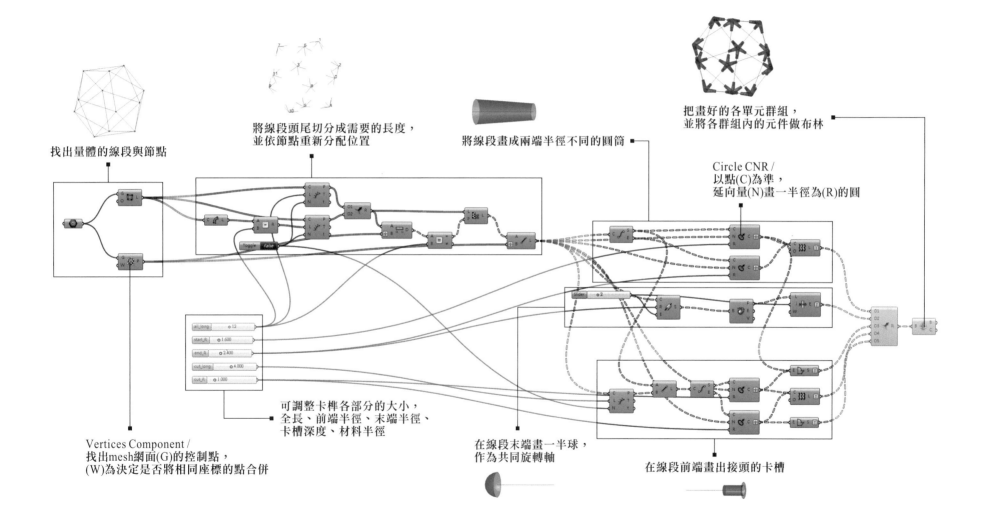

找出量體的線段與節點

將線段頭尾切分成需要的長度，
並依節點重新分配位置

將線段畫成兩端半徑不同的圓筒

把畫好的各單元群組，
並將各群組內的元件做布林

Circle CNR /
以點(C)為準，
延向量(N)畫一半徑為(R)的圓

Toggle False

ali_long ◇ 12
start_R ◇ 1.600
end_R ◇ 2.400
cut_long ◇ 4.000
cut_R ◇ 1.000

Slider ◇ 2

Vertices Component /
找出mesh網面(G)的控制點，
(W)為決定是否將相同座標的點合併

可調整卡榫各部分的大小，
全長、前端半徑、末端半徑、
卡槽深度、材料半徑

在線段末端畫一半球，
作為共同旋轉軸

在線段前端畫出接頭的卡槽

Contour Mountain

切片山

044

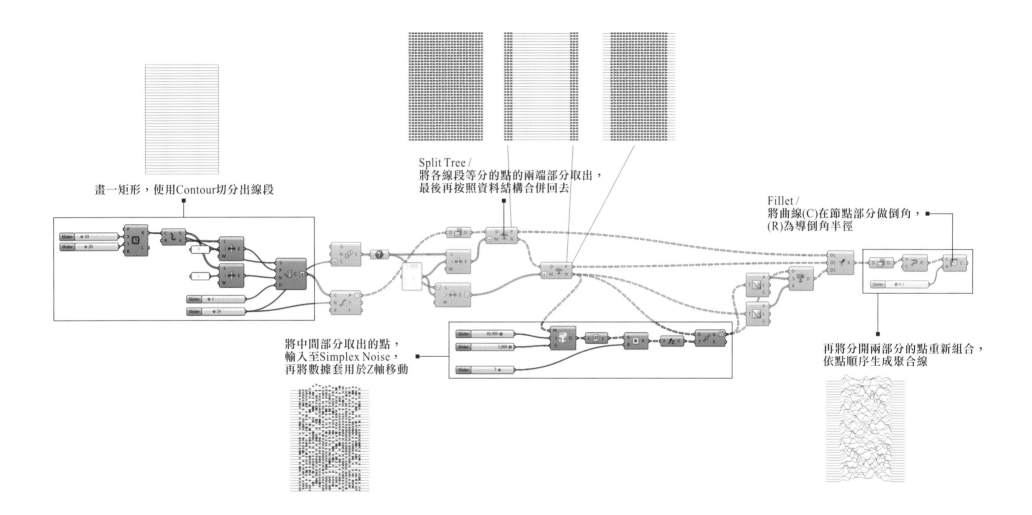

畫一矩形，使用Contour切分出線段

Split Tree /
將各線段等分的點的兩端部分取出，
最後再按照資料結構合併回去

Fillet /
將曲線(C)在節點部分做倒角，
(R)為導倒角半徑

將中間部分取出的點，
輸入至Simplex Noise，
再將數據套用於Z軸移動

再將分開兩部分的點重新組合，
依點順序生成聚合線

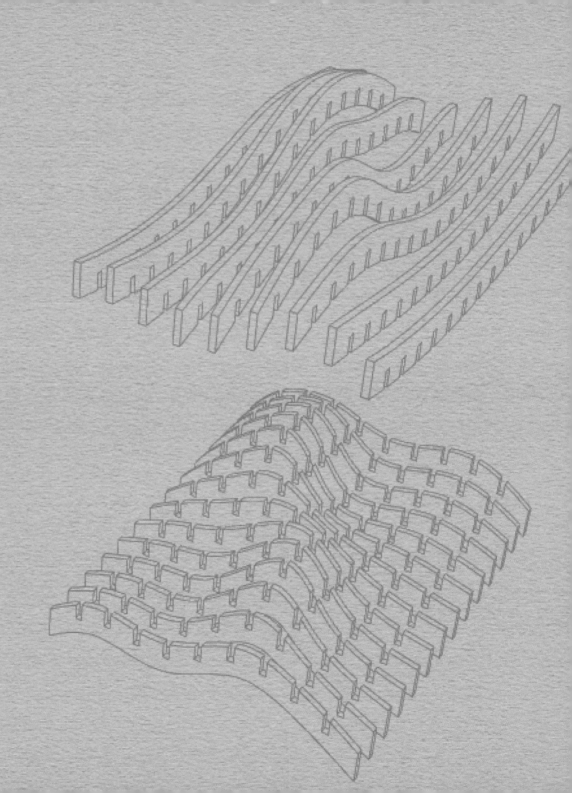

Tenon

卡接

045

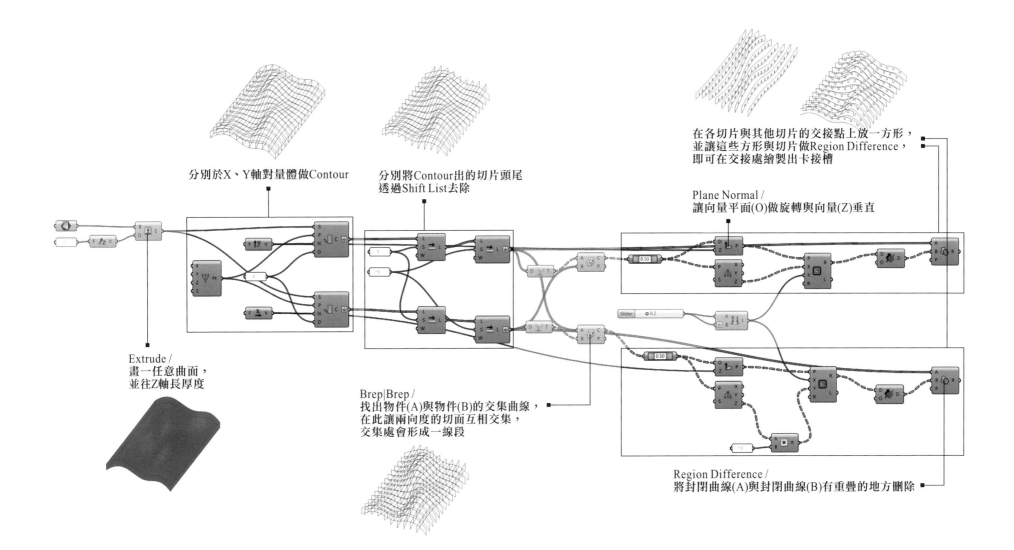

分別於X、Y軸對量體做Contour

分別將Contour出的切片頭尾
透過Shift List去除

在各切片與其他切片的交接點上放一方形，
並讓這些方形與切片做Region Difference，
即可在交接處繪製出卡接槽

Plane Normal /
讓向量平面(O)做旋轉與向量(Z)垂直

Extrude /
畫一任意曲面，
並往Z軸長厚度

Brep|Brep /
找出物件(A)與物件(B)的交集曲線，
在此讓兩向度的切面互相交集，
交集處會形成一線段

Region Difference /
將封閉曲線(A)與封閉曲線(B)有重疊的地方刪除

Combination slice

組合片

046

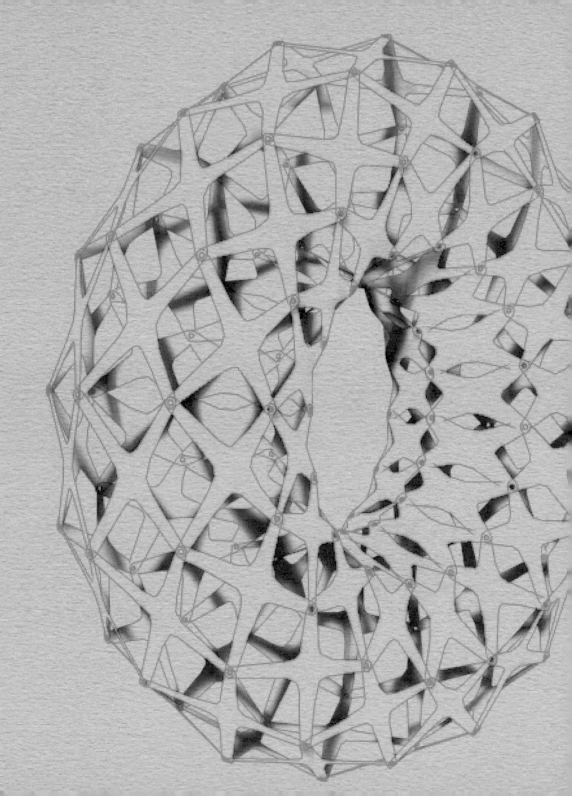

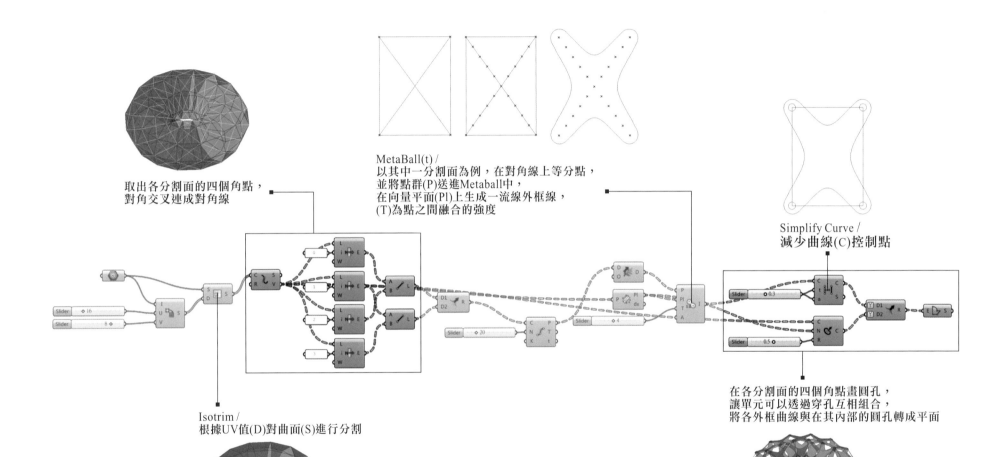

取出各分割面的四個角點，
對角交叉連成對角線

MetaBall(t) /
以其中一分割面為例，在對角線上等分點，
並將點群(P)送進Metaball中，
在向量平面(Pl)上生成一流線外框線，
(T)為點之間融合的強度

Simplify Curve /
減少曲線(C)控制點

Isotrim /
根據UV值(D)對曲面(S)進行分割

在各分割面的四個角點畫圓孔，
讓單元可以透過穿孔互相組合，
將各外框曲線與在其內部的圓孔轉成平面

Actinia

海葵

047

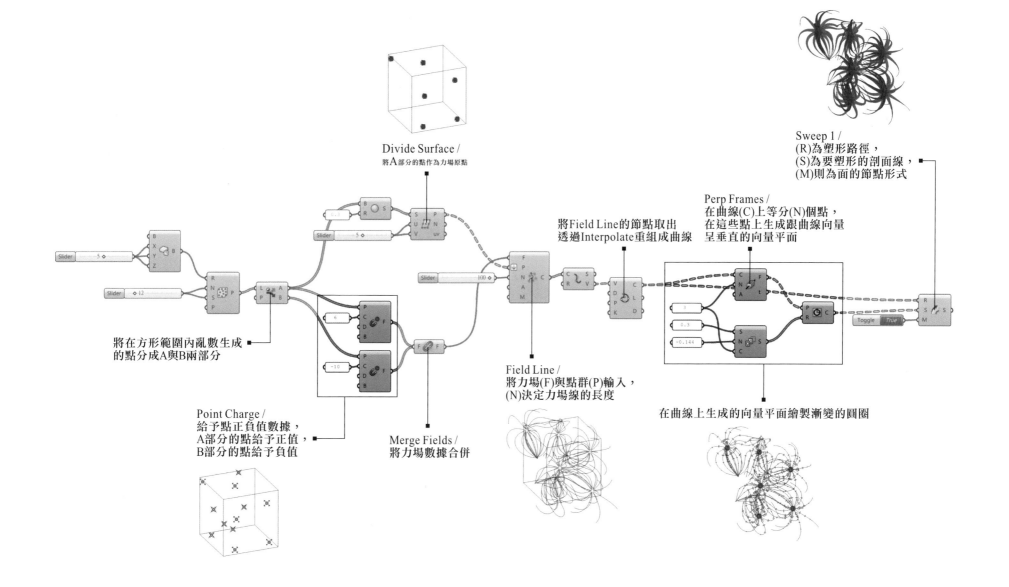

Divide Surface /
將A部分的點作為力場原點

Sweep 1 /
(R)為塑形路徑，
(S)為要塑形的剖面線，
(M)則為面的節點形式

Perp Frames /
在曲線(C)上等分(N)個點，
在這些點上生成跟曲線向量
呈垂直的向量平面

將Field Line的節點取出
透過Interpolate重組成曲線

將在方形範圍內亂數生成
的點分成A與B兩部分

Point Charge /
給予點正負值數據，
A部分的點給予正值，
B部分的點給予負值

Field Line /
將力場(F)與點群(P)輸入，
(N)決定力場線的長度

Merge Fields /
將力場數據合併

在曲線上生成的向量平面繪製漸變的圓圈

Blur Image

模糊影像

048

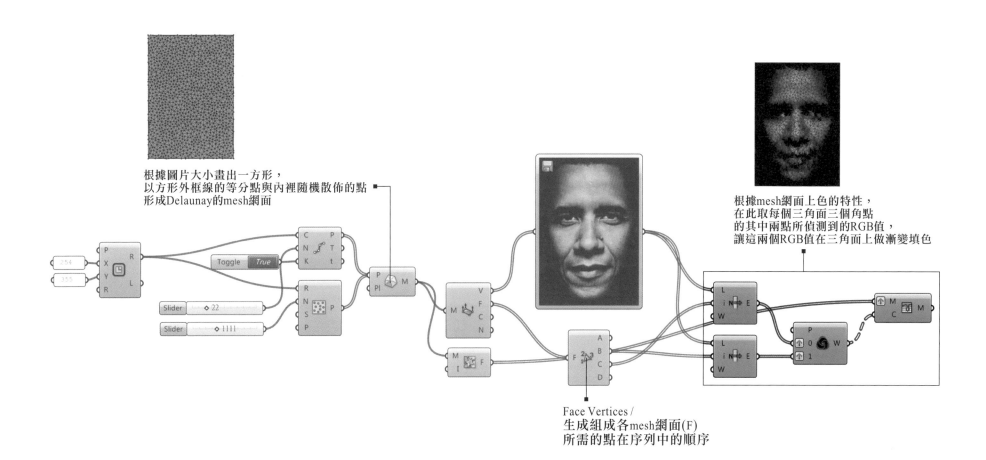

根據圖片大小畫出一方形，
以方形外框線的等分點與內裡隨機散佈的點
形成Delaunay的mesh網面

根據mesh網面上色的特性，
在此取每個三角面三個角點
的其中兩點所偵測到的RGB值，
讓這兩個RGB值在三角面上做漸變填色

Face Vertices /
生成組成各mesh網面(F)
所需的點在序列中的順序

Slopes

斜板

049

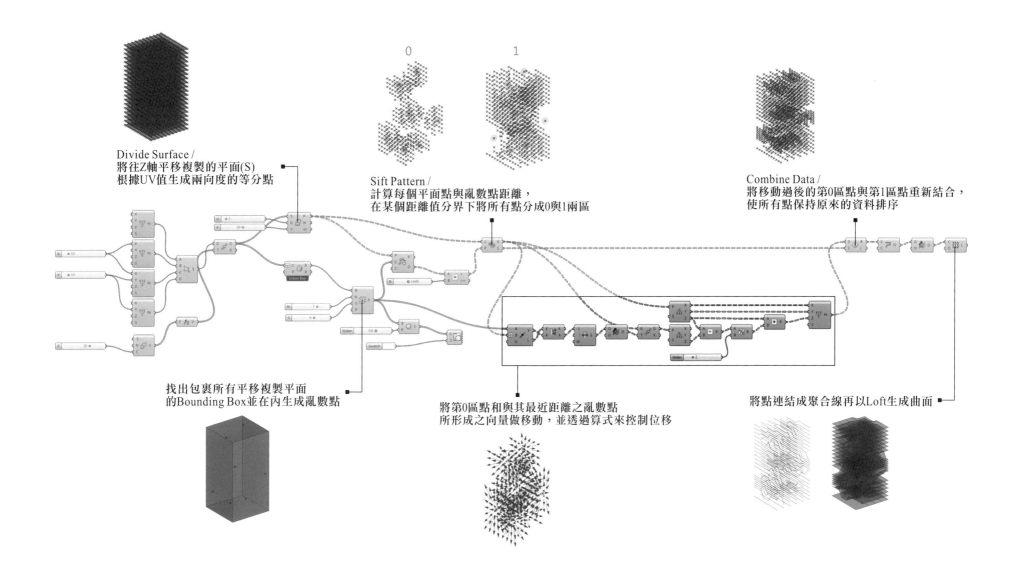

Divide Surface /
將往Z軸平移複製的平面(S)
根據UV值生成兩向度的等分點

Sift Pattern /
計算每個平面點與亂數點距離，
在某個距離值分界下將所有點分成0與1兩區

Combine Data /
將移動過後的第0區點與第1區點重新結合，
使所有點保持原來的資料排序

找出包裹所有平移複製平面
的Bounding Box並在內生成亂數點

將第0區點和與其最近距離之亂數點
所形成之向量做移動，並透過算式來控制位移

將點連結成聚合線再以Loft生成曲面

Root

根

050

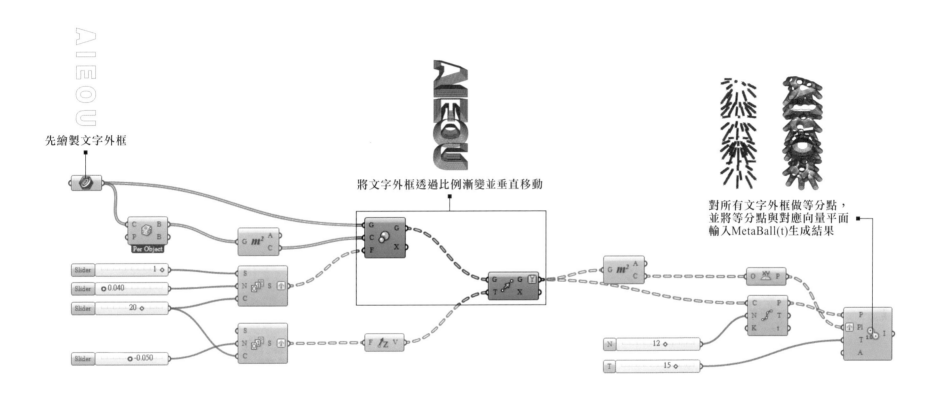

先繪製文字外框

將文字外框透過比例漸變並垂直移動

對所有文字外框做等分點，
並將等分點與對應向量平面
輸入MetaBall(t)生成結果

官方網站＼

DIGITAL
A.I.E.O.U.

Digital AIEOU

一個淡江建築數位設計的發表平台

A.I.E.O.U.

Algorithmic 演算
Intelligent 智能
Emergent 湧現
Optimized 優化
Ubiquitous 隨處運算

以英文母音為首列出數位建築領域的關鍵字，
取其諧音唉噢自嘲數位在建築界的爭議性，
一個淡江建築數位設計的發表平台。

GHM Ⅰ download

Grasshopper Mania Ⅰ 一共50個案例
gh檔的雲端下載點，請連結下方QR
code，並輸入密碼才拿打開。

密碼：mania gh

教學網站╱

陳珍誠

CCC Lab
/ CAD / CAM / CAE /

湯天維

I'M A STUBBORN RHINO
TESIGN STUDIO

彭智謙

BY MOTO

淡江建築 TA003　　　　　　　　　　　　ISBN 978-986-5982-59-1

蚱蜢狂熱 I：參數化圖形　Grasshopper Mania I : Parametric Graphics

作　　　者　湯天維、彭智謙
主　　　編　陳珍誠
責 任 編 輯　高鼎鈞、黃馨瑩

發　行　人　張家宜
社　　　長　林信成
總　編　輯　吳秋霞
執 行 編 輯　張瑜倫
出　版　者　淡江大學出版中心
地　　　址　25137 新北市淡水區英專路151號
電　　　話　02-8631-8661
傳　　　真　02-8631-8660

經　銷　商　紅螞蟻圖書有限公司
展　售　處　**淡江大學出版中心**
　　　　　　地址：新北市25137 淡水區英專路151號海博館1樓
　　　　　　電話：02-86318661　傳真：02-86318660
　　　　　　淡江大學─驚聲書城
　　　　　　新北市淡水區英專路151號商管大樓3樓
　　　　　　電話：02-26217840

出 版 日 期　2016年08月　一版二刷
定　　　價　420元

國家圖書館出版品預行編目資料

蚱蜢狂熱／湯天維, 彭智謙著--一版，--新
北市 ： 淡大出版中心，2015.01 面；公分 -- (淡江書系)
(淡江建築 ; TA003)
ISBN 978-986-5982-59-1(平裝)
1.數位建築 2.參數化設計
441.3029　　　　　　　　　　103013004